国家中等职业教育改革发展示范学校建设教材

房屋构造学习任务指导书

主编　谷炳蓉

西南交通大学出版社
·成　都·

前　言

《房屋构造》教材是我校示范校建设规划建筑工程施工专业系列教材之一，本书则是与《房屋构造》教材配套使用的教辅材料。

“房屋构造”是建筑工程施工专业的一门专业基础平台课，是形成专业基础能力的一个重要组成部分。通过本课程的学习，帮助建筑施工专业的学生建立专业观念，形成建筑空间想象力，能正确理解设计意图。

“房屋构造”的综合性、实践性较强，既要掌握理论知识，又必须加强实习、参观等实践教学环境。在教辅材料的编制中应充分考虑上述因素，使理论与实际相结合。本指导书紧贴教材，并紧密结合国家标准图集，选用新规范、新标准，按项目任务化编写。

本指导书主要包括学习方法、学习要求、学习的主要内容以及巩固练习、模拟试题、考核评价模式等，便于学生根据要求，掌握重点，自主学习。在巩固练习中安排有根据书后附有的两套建筑施工图以及与实际相结合的分组讨论题，便于培养学生的综合识图能力和综合协调能力。

本书主编为谷炳蓉。项目 1、项目 9 由谷炳蓉编写，项目 2、项目 7 由李小强编写，项目 3、项目 4 由孟林洁编写，项目 5、6、8 由曾令洁编写。

本书在编写过程中，参考引用一些公开出版和发表的文献和著作，谨向作者表示诚挚的谢意。

由于编者水平有限，疏漏之处在所难免，敬请读者批评指正。

编　者
2014 年 4 月

图书在版编目（C I P）数据

房屋构造学习任务指导书 / 谷炳蓉主编. —成都：西南交通大学出版社，2014.8
国家中等职业教育改革发展示范学校建设教材
ISBN 978-7-5643-3141-2

Ⅰ. ①房… Ⅱ. ①谷… Ⅲ. ①房屋结构－中等专业学校－教学参考资料 Ⅳ. ①TU22

中国版本图书馆 CIP 数据核字（2014）第 142105 号

国家中等职业教育改革发展示范学校建设教材

房屋构造学习任务指导书

主编　谷炳蓉

*

责任编辑　张　波
助理编辑　姜锡伟
封面设计　墨创文化
西南交通大学出版社出版发行
四川省成都市金牛区交大路 146 号　邮政编码：610031　发行部电话：028-87600564
http: //www.xnjdcbs.com
成都市书林印刷厂印刷

*

成品尺寸：370 mm×260 mm　印张：9.75
字数：237 千字
2014 年 8 月第 1 版　2014 年 8 月第 1 次印刷
ISBN 978-7-5643-3141-2
定价：20.00 元

目录

绪　论

一、课程性质

“房屋构造”课程是建筑工程施工专业的一门专业基础平台课，是形成专业基础能力的一个重要组成部分，主要内容为民用建筑的构造原理和方法。通过本课程的学习，学生应了解房屋构造的构件和功能，形成对建筑空间的想象力，能正确理解设计意图，为后续专业课程的学习打下坚实的基础。

“房屋构造”总课时为 68 学时，4 个学分，适用于中等职业教育的 3 年制“建筑工程施工”专业，安排在第二学期，它以“建筑材料”“建筑制图”为基础，为后期“建筑结构”“建筑施工技术”和“建筑工程施工组织”“建筑工程计量计价”等专业课的学习做准备。

二、教学目的

通过本课程的学习，学生对房屋构造有比较全面的认识，能了解国家的有关方针和政策，初步掌握建筑构造的基本原理，能够图示构件的构造做法，会查阅建筑设计规范，能够识读建筑施工图及标准图集，能对建筑物进行分类与分级，具有一定建筑标准化的知识。

三、课程注意事项及学习方法

本课程教学内容理论性、规范性和实践性较强，为保证教学质量，实现培养目标，学生在学习过程中应结合当地情况、管理水平等，做到因地而宜，联系教材，学用结合。学生要独立思考，在掌握基本内容、基本理论和基本方法的基础上，重于应用。学生在自学中，按教学讲授进度，除阅读本教材外，应参阅与本教材相一致的其他教材和其他有关课程知识，以增加分析研究和解决问题的能力。

学习方法建议：

1. 课前预习，为上课和完成各项任务做好知识准备，上课应明确任务，认真听课，及时完成课堂任务，做好笔记，课后及时复习，完成作业及任务。
2. 多看多想多实践，有意识地观察周围建筑，课后多分析、多研究建筑实物及模型。
3. 多关注国家建设类相关标准、规范及图集的修正变化，将相关标准、规范及图集学习融入课程学习中。
4. 独立思考，循序渐进，多做练习，及时完成作业。
5. 正确处理画图、看图、做模型等关系，最终目标均为读懂施工图。
6. 积极参与讨论、团结合作、遵守纪律。
7. 养成耐心细致、严谨求学、严肃认真的工作作风和习惯。

项目一　房屋构造基本知识认知

【主要内容】

本项目主要介绍建筑的分类与分级、民用建筑的组成以及建筑构造设计的相关知识。

【基本要求】

知识目标：

1. 掌握建筑的分类和民用建筑的组成。
2. 了解建筑构造设计的相关知识。

能力目标：

1. 能分清建筑物与构筑物。
2. 能清楚建筑物的分类、分级以及构造要素。
3. 能描述建筑物的主要组成部分及功能要求。
4. 能了解建筑构造设计的相关知识。
5. 能应用模数协调统一标准。

任务一　划分建筑的类型

【任务描述】

通过本任务的学习，学生应能分清楚建筑物与构筑物，能够对建筑物进行分类与分级，能够知道建筑物的构成要素。

【学习要点】

1. 建筑是指建筑物与构造物的总称。建筑物是供人们直接在其中生产、生活或进行其他活动的房屋或场所，如工厂、住宅、办公楼、学校等。构造物是人们间接在其中生产、生活的建筑，如水池、烟囱、水塔、堤坝等。

2. 建筑的构成要素有：建筑功能、建筑技术条件和建筑形象，三者互相制约并相互依存，其中建筑功能占主导地位。

3. 建筑按使用性质可分为民用建筑、工业建筑、农业建筑三大类，而民用建筑又可分为居住建筑与公共建筑（公共建筑分：行政办公建筑、文教建筑、托幼建筑、科研建筑、文化娱乐建筑、医疗建筑、商业建筑、观演建筑、展览建筑、体育建筑、生活服务性建筑、广播通信建筑、交通建筑、园林建筑、纪念性建筑等）。

4. 建筑按层数或高度分类有：住宅建筑，1 ~ 3 层为低层，4 ~ 6 层为多层，7 ~ 9 层为中高层，10 层及 10 以上为高层；公共建筑及综合性建筑，总高度超过 24 m 者为高层（不包括高度超过 24 m 的单层主体建筑）。建筑物超过 100 m 时，不论住宅还是公共建筑均为超高层建筑。

5. 建筑按结构类型的材料分为：木结构建筑、混合结构建筑、钢筋混凝土结构建筑、钢结构建筑以及其他结构建筑（如生土建筑、充气建筑、塑料建筑等）。

6. 建筑的等级是房屋重要性、经济性及安全性的综合体现。一般建筑的建筑物等级可按耐久年限、重要性和规模以及耐火等级等进行分级。按建筑物的耐久年限分类有：使用 100 年以上（重要建筑和高层建筑）、50 ~ 100 年（一般建筑）、25 ~ 50 年（次要建筑）、15 年以下（临时性建筑）。耐火等级是依据房屋主要构件的燃烧性能和耐火极限确定的。按材料的燃烧性能把材料分为燃烧体（如木材、纤维板、胶合板等）、难燃烧体（如板条抹灰、石棉板、沥青混凝土等）和非燃烧体（如石材、钢筋混凝土、砖等）。多层建筑物的耐火等级一般分为四级，高层建筑物的耐火等级一般分为两级。

【巩固练习】

一、填空题

1. 通常所说的“建筑”，往往是指__________和__________的通称。
2. 民用建筑按使用功能分为__________和__________两类。
3. 建筑按使用性质可分为__________、__________和__________。
4. 建筑的构成要素有：__________、__________和__________，其中__________起主要作用。
5. 构件的燃烧性能分为__________、__________和__________三类。
6. 建筑物的耐火等级由__________和__________确定，多层建筑物的耐火等级一般分为__________级，高层建筑的耐火等级为__________级。

二、选择题（单选）

1. 下列属于构筑物的建筑是（　　）。
   A. 工厂　B. 商场　C. 堤坝　D. 学校
2. 下列属于工业建筑的是（　　）。
   A. 铁路　B. 桥梁　C. 生产车间　D. 饲料加工站
3. 建筑高度大于（　　）m 的民用建筑（不包括单层主体建筑）为高层建筑。
   A. 24　B. 100　C. 50　D. 30
4. 建筑高度大于（　　）m 时，不论住宅还是公共建筑均为超高层建筑。
   A. 80　B. 100　C. 110　D. 150
5. 建筑高度是指（　　）。
   A. 自室内设计地面至建筑主体檐口顶部的垂直高度。
   B. 自室外设计地面至建筑主体檐口顶部的垂直高度。
   C. 自室外地面至建筑主体檐口顶部的垂直高度。
   D. 自室外设计地面至建筑顶部的垂直高度。
6. 多层建筑耐火等级为二级的非燃烧构件承重墙的耐火极限为（　　）h。
   A. 4　B. 2.5　C. 3.0　D. 2.0
7. 耐火等级为二级的多层建筑，其房间隔墙需采用耐火极限在（　　）以上的（　　）。
   A. 0.5 小时，难燃烧体　B. 1 小时，难燃烧体
   C. 0.5 小时，非燃烧体　D. 1 小时，非燃烧体
8. 民用建筑包括居住建筑和公共建筑，其中（　　）属于居住建筑。
   A. 托儿所　B. 宾馆　C. 公寓　D. 疗养院
9. （　　）属于高层住宅。
   A. ≥9 层的住宅　B. ≥11 层的住宅
   C. ≥8 层的住宅　D. ≥10 层的住宅
10. 某综合大楼共 29 层，建筑高度为 92.7m，则其为（　　）。
    A. 多层建筑　B. 高层建筑　C. 中高层建筑　D. 超高层建筑
11. 二级建筑的耐久年限为（　　）。
    A. 15 年以下　B. 25 ~ 50 年　C. 50 ~ 100 年　D. 100 年以上
12. 一级建筑的耐久年限在（　　）以上。
    A. 70 年　B. 100 年　C. 50 年　D. 15 年
13. 二级建筑的耐久年限为 50 ~ 100 年，适用于（　　）。
    A. 重要建筑　B. 临时性建筑　C. 一般性建筑　D. 次要建筑
14. 我国《民用建筑设计通则》中规定，把 10 层及 10 层以上的住宅，建筑高度超过（　　）m 的公共建筑（不包括单层的主体建筑）称为高层建筑。
    A. 20　B. 22　C. 24　D. 28
15. 耐火等级为一级的高层建筑的以下构件中哪一种的耐火极限要求最高？（　　）
    A. 房间隔墙
    B. 承重墙、楼梯间、电梯井和住宅单元之间的墙
    C. 柱
    D. 楼板、疏散楼梯、屋顶承重构件

三、分组讨论，各小组按要求完成下列各题

1. 分组讨论，根据要求对表 1.1 中的建筑物进行分类。
2. 分组讨论，根据要求对表 1.2 中的建筑物进行分级。

表 1.1

建筑物名称	按民用建筑使用性质	按使用材料的结构类型	按建筑物的层数	按建筑物的规模和数量
教学楼				
实验楼				
宿舍楼				
附图一				
附图二				
鸟巢				
上海金茂大厦				

表 1.2

建筑物名称	按建筑物性质	按使用年限	按建筑物的耐火等级
教学楼			
实验楼			
宿舍楼			
附图一			
附图二			
鸟　巢			

【任务考核评价】

表 1.3　学习（工作）任务完成情况评价

项目一：房屋构造基本知识认知　　　　任务一：划分建筑的类型

序号	考评内容	分值	学生自评（20%）	小组评价（30%）	教师评价（50%）	单项内容加权得分
1	知识与技能					
2	过程与方法					
3	态度与合作					
任务得分=∑（单项内容加权得分）						

任务二　认识民用建筑的基本构成

【任务描述】

通过本任务的学习，学生应能够知道民用建筑由哪几部分组成、各部分名称及作用，能够知道影响建筑构造的因素。

【学习要点】

1. 一般民用建筑主要是由基础、墙或柱、楼板层、楼地层、楼梯、屋顶和门窗等主要部分组成。基础埋在地下，承受建筑物的全部荷载，并把这些荷载传给地基。墙柱是建筑物的承重构件，墙还起围护和分隔作用。楼板层是楼房建筑中的水平承重构件，并在竖向将整栋建筑物内部划分为若干部分；地坪层承受底层房间的地面荷载。楼梯是楼房建筑中联系上下各层的垂直交通设施，以供人们平时交通和在紧急情况下疏散时使用。屋顶是建筑物最上部的承重和围护构件。门是供人们出入和分隔空间的，有时兼有采光和通风的作用；窗主要是采光和通风，有时可起挡风、避雨作用。

2. 影响建筑构造设计的因素有：外力作用、气候条件、各种人为因素、建筑技术条件和经济条件。

3. 建筑构造设计的原则：①满足建筑使用功能的要求；②确保结构安全；③采用先进技术，合理降低造价；④美观大方。

【巩固练习】

一、填空题

1. 民用建筑的构造由________、________、________、________、________、________和________几部分组成。

2. 影响建筑构造设计的因素有________、________、________、________和________。

3. 建筑构造设计的原则是________、________、________和________。

二、作图题

1. 请在图 1-1 中填写民用建筑构件和配件的名称。

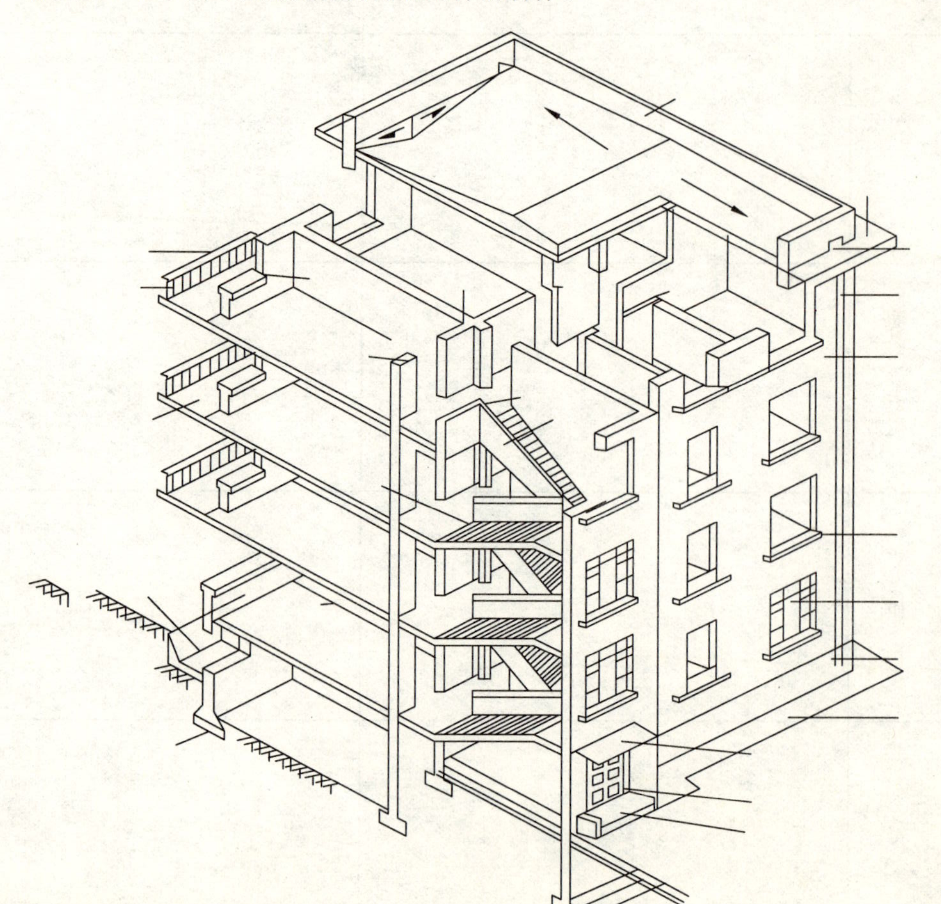

图 1-1　民用建筑构造组成

三、分组讨论，各小组按要求完成下列各题

分组讨论，各组根据要求，完成表 1.4。

表 1.4

构件名称	作　　用	构　造　要　求
基　础		
墙、柱		
楼地层		
屋　顶		
楼　梯		
门　窗		

【任务考核评价】

表 1.5　学习（工作）任务完成情况评价

项目一：房屋构造基本知识认知　　　　任务二：认识民用建筑的基本构成

序号	考评内容	分值	学生自评（20 %）	小组评价（30 %）	教师评价（50 %）	单项内容加权得分
1	知识与技能					
2	过程与方法					
3	态度与合作					
任务得分=∑（单项内容加权得分）						

任务三　建筑节能、隔声认知

【任务描述】

通过本任务的学习，学生应能够知道建筑中热量的传递途径以及如何节能，知道声音的传播途径以及隔声的措施，知道建筑物抗震的相关知识。

【学习要点】

1. 保温是建筑设计十分重要的内容之一，寒冷地区各类建筑和非寒冷地区有空调要求的建筑都要考虑保温措施。提高建筑的保温效果，主要是要加强构件的保温。提高构件的保温措施主要有：（1）增加厚度；（2）合理选材；（3）防潮防水；（4）避免热桥；（5）防止冷风渗透。

2. 在我国的南方地区，夏季气候炎热，建筑的防热是必须要考虑的。建筑防热的途径主要有：（1）降低室外综合温度；（2）提高外围护构件防热和散热性能。

3. 建筑的总能耗包括生产用能、施工用能、日常用能和拆除用能等方面，其中以日常用能量大。因此，减少日常用能是建筑节能的重点。减少日常耗能的建筑措施有：（1）选择有利于节能的建筑朝向，充分利用太阳能；（2）设计有利于节能的平面和体型；（3）改善围护构件的保温性能；（4）改进门窗设计；（5）重视日照调节通风。

4. 声音从室外传入室内，或从一个房间传入到另一个房间的途径主要有：（1）空气传声：通过围护构件的缝隙直接传声或通过围护构件的振动传声；（2）撞击传声或固体传声（结构传声）：通过围护构件本身来传播物体撞击或机械振动所引起的声音。围护构件隔声途径：（1）对空气传声的隔绝：增加构件质量；采用带空气层的双层构件；采用多层组合构件。（2）对

撞击声的隔绝：设置弹性面层；设置弹性夹层；采用带空气层的双层结构。

5. 地震是地壳中的薄弱岩层承受不了内部能量所产生的巨大作用力，岩层断裂、错动，这种运动传至地面，就表现为地震。

震源：地下岩层断裂和错动的地方称为震源。

震中：震源正上方的地面称为震中。

地震波：岩层断裂错动，突然释放大量能量并以波的形式向四周传播，这种波就是地震波。

地震等级：地震的强烈程度称为震级，一般称里氏震级，它取决于一次地震释放的能量大小。

地震烈度：某一地区地面和建筑遭受地震影响的程度。它不仅与震级有关，且与震源深度、距震中的距离、场地土质类型等有关。一次地震只有一个震级，但却有不同的烈度区。

我国建筑防震设计应遵循“小震不坏、中震可修、大震不倒”的原则。在建筑设计时应遵循下列要点：（1）宜选择对建筑物防震有利的建筑场地；（2）建筑体型和立面处理力求匀称；（3）建筑平面布置力求规整；（4）加强结构的整体刚度；（5）处理好细部构造。

【巩固练习】

一、填空题

1. 提高构件的保温措施主要有________、________、________、________、________。

2. 建筑防热的途径主要有________、________。

3. 减少日常耗能的建筑措施有________、________、________、________、________。

4. 隔绝空气传声的途径有________、________、________。

5. 隔绝撞击声的途径有________、________、________、________。

6. 震中是指________。

7. 震源是指________。

8. 地震等级是指________。

9. 地震烈度是指________。

10. 我国建筑防震设计应遵循的原则是________。

11. 在建筑抗震设计时应遵循的要点有________、________、________、________、________。

二、分组讨论，各小组按要求完成下列各题

1. 分组识读附图一、附图二，分别指出各自的抗震设防烈度。

2. 分组讨论，表 1.6 中各建筑物分别采取了哪些保温、隔热、隔声措施。

表 1.6

建筑物名称	保温措施	隔热措施	隔声措施
教学楼			
实验楼			
宿舍楼			
附图一			
附图二			

【任务考核评价】

表 1.7 学习（工作）任务完成情况评价

项目一：房屋构造基本知识认知　　　　任务三：建筑节能、隔声认知

序号	考评内容	分值	学生自评（20％）	小组评价（30％）	教师评价（50％）	单项内容加权得分
1	知识与技能					
2	过程与方法					
3	态度与合作					
任务得分=∑（单项内容加权得分）						

任务四　建筑模数标准化认知

【任务描述】

通过本任务的学习，学生应能够了解建筑标准化的相关概念，能够应用模数协调标准，能确定建筑物的轴线。

【学习要点】

1. 实行建筑标准化，可以有效地减少建筑构配件的规格，在不同的建筑中采用标准构配件，可提高施工效率，保证施工质量，降低造价。

2. 实行建筑模数协调统一标准的目的是推进建筑工业化。

（1）基本模数：模数协调中选定的基本尺寸单位，数值为 100 mm，用符号 M 表示，1M=100 mm。

（2）模数数列及其应用。

水平基本模数 1M 至 20M 的数列，应主要用于门窗洞口和构配件截面等处；竖向基本模数 1M 至 36M 的数列，主要用于建筑物的层高、门窗洞口和构配件截面等处。

水平扩大模数 3 M、6 M、12 M、15 M、30 M 和 60 M 的数列，应主要用于建筑物的开间或柱距、进深或跨度、构配件尺寸和门窗洞口等处；竖向扩大模数 3M 数列，主要用于建筑物的高度、层高和门窗洞口等处。

分模数 M/10、M/5 和 M/2 的数列，主要用于缝隙、构造节点、构配件截面等处。

（3）构件的几种尺寸及其相互关系。

标志尺寸：用以标注建筑物定位轴线之间的距离（如开间、跨度、柱距、层高等），以及建筑制品、建筑构配件界限之间的尺寸。标志尺寸必须符合模数数列的规定。

构造尺寸：生产、制造建筑制品、建筑构配件的设计尺寸。一般情况下，

构造尺寸=标志尺寸－缝隙尺寸

实际尺寸：建筑制品、建筑组合件、建筑构配件的实有尺寸。

实际尺寸=构造尺寸±公差

3. 定位轴线

定位轴线的作用有三个：（1）确定建筑物结构构件的位置及其标志尺寸；（2）作为施工放线、设备吊装的基准线；（3）作为统一图纸的依据。

定位轴线用于平面时称平面定位轴线；用于竖向时称为竖向定位轴线。

4. 常用专业名词

横向：建筑物宽度方向。

纵向：建筑物长度方向。

横向轴线：平行于建筑物宽度方向设置的轴线，用以确定横向墙体、柱、梁、基础的位置。

纵向轴线：平行于建筑物长度方向设置的轴线，用以确定纵向墙体、柱、梁、基础的位置。

开间：两相邻横向定位轴线之间的距离。

进深：两相邻纵向定位轴线之间的距离。

层高：层间高度，即地面至楼面或楼面至楼面的高度（顶层为顶层楼面至顶层板上皮的高度）。

净高：房间净空高度，即地面至顶棚下皮的高度。它等于层高减去楼地面厚度、楼板厚度、顶棚厚度的高度。

建筑高度：室外地坪至檐口顶部的总高度。

建筑面积：建筑物外包尺寸的乘积再乘以层数，由使用面积、交通面积和结构面积组成。

使用面积：主要使用房间和辅助使用房间的净面积。

交通面积：走道、楼梯间和门厅等交通设施的净面积。

结构面积：柱子、墙体等所占的面积。

【巩固练习】

一、填空题

1. 房屋的横向是指____________________。
2. 房屋的纵向是指____________________。
3. 房屋的开间是指____________________。
4. 房屋的进深是指____________________。
5. 基本模数是模数协调中选定的基本尺寸单位，数值为____mm，用符号____表示。
6. 建筑物的开间或柱距、进深或跨度、构配件尺寸和门窗洞口等处一般采用____________________的数列。
7. 缝隙、构造节点、构配件截面等处应采用____________________数列。
8. 横向轴线是指____________________。
9. 纵向轴线是指____________________。

10. 建筑高度是指________________________________。

11. 设计图中的定位轴线，在水平方向的编号采用阿拉伯数字，从______向______依次注字。

12. 为了保证建筑制品、构配件等有关尺寸间的统一协调，在建筑模数协调中尺寸分为____________、____________、____________。

13. 建筑净高是指________________________________。

二、选择题（单选）

1. 建筑标准的基本模数是（　　）。

A. M=50 mm　　B. M=100 mm

C. M=150 mm　　D. M=200 mm

2. 定位线之间的距离应符合（　　）规定。

A. 基本模数　　B. 扩大模数

C. 分模数　　D. 模数数列

3. 不得用于定位轴线编号的字母有（　　）。

A. I、O、M　　B. C、O、Z

C. I、O、Z　　D. O、Z、M

4. 房屋的层高是指该楼面上表面至上一层（　　）上表面的垂直高度。

A. 楼板　　B. 梁面

C. 楼面　　D. 吊顶

5. 下列属于扩大模数的是（　　）。

A. 3M、6M、9M　　B. 12M、15M、18M

C. 3M、15M、60M　　D. 3M、18M、30M

6. 用于建筑物的开间、柱距、进深、跨度等尺度协调单位的是（　　）。

A. 基本模数　　B. 水平扩大模数

C. 分模数　　D. 竖向扩大模数

7. 标志尺寸与构造尺寸的差值为（　　）。

A. 构造缝隙或安装缝隙　　B. 尺寸协调增值单位

C. 制造误差或生产误差　　D. 制造或生产的允许误差

8. 建筑高度是指（　　）。

A. 自室内设计地面至建筑主体檐口顶部的垂直高度。

B. 自室外设计地面至建筑主体檐口顶部的垂直高度。

C. 自室外地面至建筑主体檐口顶部的垂直高度。

D. 自室外设计地面至建筑顶部的垂直高度。

三、分组讨论，各小组按要求完成下列各题

1. 分组识读附图一、附图二，各组试根据要求完成表 1.8。

表 1.8

建筑物名称	建筑物高度/mm	建筑物层高/mm	室外标高/m	室内标高/m	二层楼结构标高/m	二层楼建筑标高/m	一层楼窗台标高/m	檐口标高/m
附图一								
附图二								

2. 分组识读附图一、附图二，各组分别以一个房间为例，完成表 1.9。

所选房间横向轴线编号为____________，房间纵向轴线编号为____________。

表 1.9

建筑物名称	开间/mm	进深/mm	横向定位轴线编号	纵向定位轴线编号	开间的模数数列	进深的模数数列	门的模数数列	窗的模数数列
附图一								
附图二								

【任务考核评价】

表 1.10　学习（工作）任务完成情况评价

项目一：房屋构造基本知识认知　　任务四：建筑模数标准化认知

序号	考评内容	分值	学生自评（20%）	小组评价（30%）	教师评价（50%）	单项内容加权得分
1	知识与技能					
2	过程与方法					
3	态度与合作					
任务得分=∑（单项内容加权得分）						

【项目考核评价】

表 1.11　项目完成情况评价

项目一：房屋构造基本知识认知

任务编号	任　　务	得分	权重	项目得分
任务一	划分建筑类型		0.25	
任务二	认识民用建筑的基本构成		0.25	
任务三	建筑节能、隔声认知		0.25	
任务四	建筑标模数准化认知		0.25	

项目二　基础与地下室认知

【主要内容】

本项目主要介绍地基的类型，基础的不同类型及构造，地下室的类型，地下室的防潮、防水的构造做法。

【基本要求】

知识目标：

1. 掌握基础的埋置深度、常见类型。
2. 掌握基础的基本构造。
3. 掌握地下室的组成。
4. 掌握地下室的防潮、防水构造。

能力目标：

1. 能够区分地基与基础。
2. 能区分基础的类型并说出其各自构造要点。
3. 能识读地下室防潮和防水构造做法。

任务一　基础构造认知

【任务描述】

通过本任务的学习，学生应具有根据不同的实际建筑物情况和环境条件合理确定基础形式的能力；能根据选用的基础类型，说出基础的构造做法。

【学习要点】

1. 地基是指支承建筑物荷载的那一部分土层（或岩层）。直接承受荷载的土层称为持力层，持力层以下的土层称为下卧层。

2. 地基分为天然地基和人工地基两大类，天然地基是指具有足够承载能力的天然土层，可直接在天然土层上建造基础。人工地基是指天然土层的承载力较差，需要经过人工加固的地基。人工地基的加固方法有压实法、换土法、桩基等多种方法。

3. 基础的埋置深度指从室外设计地坪到基础底面的距离。埋置深度不超过 5m 的基础称为浅基础；埋置深度大于 5m 的基础称为深基础。

4. 基础是建筑物的重要组成部分，是位于建筑物的地面以下的承重构件，它直接与土层相接触，承受建筑物的全部荷载，并将这些荷载连同自重传给地基。

5. 基础所用的材料一般有砖、毛石、混凝土或毛石混凝土、灰土、三合土、钢筋混凝土等，其中由砖、毛石、混凝土或毛石混凝土、灰土、三合土等制成的墙下条形基础或柱下独立基础称为无筋扩展基础，需要满足刚性角的要求；由钢筋混凝土制成的基础称为扩展基础（柔性基础）。

6. 基础的构造形式：条形基础、独立基础、筏形基础、箱形基础、桩基础等。

【巩固练习】

一、填空题

1. 地基按是否需要处理可分为＿＿＿＿＿＿与＿＿＿＿＿＿两大类。

2. 建筑物的荷载在地基中向下传递时，地基应力与应变逐渐递减至忽略不计，据此可将地基分为＿＿＿＿＿＿层与＿＿＿＿＿＿层两个层次。

3. 基础埋深是指＿＿＿＿＿＿＿＿＿＿＿＿的垂直距离。

4. 基础按所用材料和受力特点可分为＿＿＿＿＿＿和＿＿＿＿＿＿两大类；按构造形式分为＿＿＿＿＿、＿＿＿＿＿、＿＿＿＿＿、＿＿＿＿＿、＿＿＿＿＿。

二、选择题（单选）

1. 地基是（　　）。
   A. 建筑物地面以下的承重构件　　B. 建筑物的下层结构
   C. 承受由基础传下荷载的土层　　D. 建筑物的一部分

2. 埋深大于 5 m 的基础称为（　　）。
   A. 深基础　　B. 浅基础
   C. 不埋基础　　D. 刚性基础

3. 当地下水位很高，基础不能埋在地下水位以上时，为减少和避免地下水的浮力和影响，应将基础底面埋至（　　）。
   A. 最高水位以下 200 mm　　B. 最低水位以下 200 mm
   C. 最高水位以下 500 mm　　D. 最高水位与最低水位之间

4. 砖基础采用台阶式、逐级向下放大的做法，一般按每 2 皮砖挑出（　　）来砌筑。
   A. 1/2 砖　　B. 1/4 砖
   C. 3/4 砖　　D. 1 皮砖

5. 刚性基础的受力特点是（　　）。
   A. 抗拉强度大，抗压强度小　　B. 抗拉、抗压强度均大
   C. 抗剪强度大　　D. 抗压强度大、抗拉强度小

6. 钢筋混凝土柔性基础中钢筋直径不宜小于 8mm，混凝土强度不低于（　　）。
   A. C7.5　　B. C20　　C. C10　　D. C25

7. 下列基础中属柔性基础的是（　　）。
   A. 钢筋混凝土基础　　B. 毛石基础
   C. 砖基础　　D. 素混凝土基础

8. 当建筑物上层荷载较大，而地基又较弱时，最适宜的基础形式为（　　）。
   A. 筏形基础　　B. 独立基础　　C. 条形基础　　D. 单独式基础

三、选择题（多选）

1. 影响基础埋深的因素有（　　）。
   A. 地下水位的高低　　B. 冻土线深度
   C. 相邻基础的埋深　　D. 上部荷载大小

2. 下列基础中属刚性基础的是（　　）。
   A. 砖基础　　B. 石基础
   C. 钢筋混凝土基础　　D. 混凝土基础

3. 基础按构造形式可分为（　　）。
   A. 柔性基础　　B. 条形基础
   C. 独立基础　　D. 箱型基础

四、分组讨论，各小组按要求完成下列各题

1. 试根据材料划分图 2-1 中各基础的类型。

（　　）基础

（　　）基础

图 2-1　基础类型

2. 试根据基础的构造形式划分图 2-2 中各基础的类型。

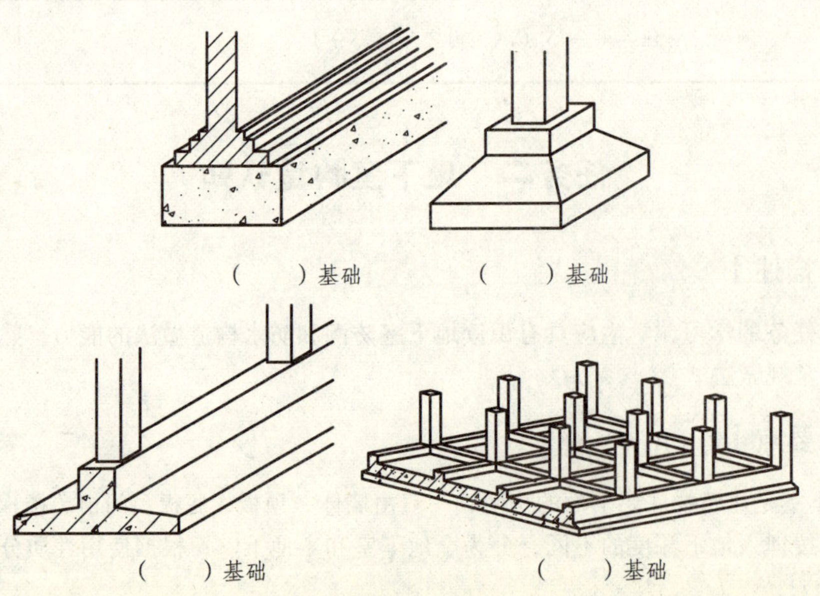

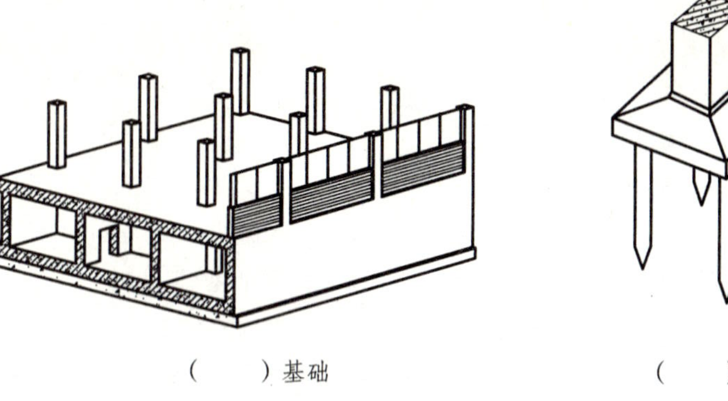

（　　）基础

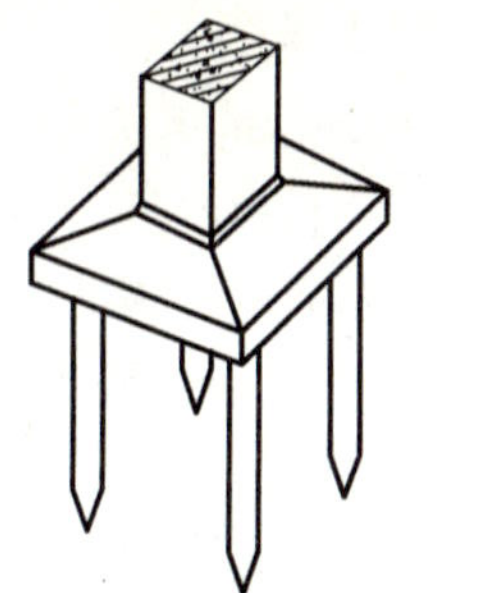

（　　）基础

图 2-2　基础构造形式

3. 什么是地基和基础？地基和基础有何区别？
4. 地基处理常用的方法有哪些？
5. 什么是基础的埋深？其影响因素有哪些？

【任务考核评价】

表 2.1　学习（工作）任务完成情况评价

项目二：基础与地下室认知　　　　任务一：基础认知

序号	考评内容	分值	学生自评（20 %）	小组评价（30 %）	教师评价（50 %）	单项内容加权得分
1	知识与技能					
2	过程与方法					
3	态度与合作					
任务得分=∑（单项内容加权得分）						

任务二　地下室构造认知

【任务描述】

通过本任务的学习，学生应具有识读地下室防潮和防水构造做法的能力，熟悉地下室防水、防潮的常规做法。

【学习要点】

1. 地下室是建筑物底层下面的房间，一般由墙体、顶板、底板、门窗、楼梯五大部分组成。地下室按埋入地下深度的不同，分为全地下室和半地下室；根据使用性质分为普通地下室和人防地下室。

2. 地下室防潮适用于设计最高地下水位低于地下室底板标高，又无形成上层滞水可能的工程中，主要做法有防水涂料、水泥砂浆防潮层。

3. 当最高地下水位高于地下室地坪时，对地下室必须采取防水处理。 地下室的防水做法按选用材料的不同，通常有防水混凝土自防水、卷材防水、涂料防水、水泥砂浆防水等。

【巩固练习】

一、填空题

1. 地下室防水构造有＿＿＿＿＿、＿＿＿＿＿、＿＿＿＿＿、＿＿＿＿＿等做法。
2. 地下室柔性防水构造可分为＿＿＿＿＿与＿＿＿＿＿两种做法。

二、选择题（单选）

1. 下列情况下，地下室宜做防潮处理的是（　　）。
   A. 最高地下水位高于地下室地坪
   B. 最高地下水位低于地下室地坪
   C. 常年地下水位高于地下室地坪
   D. 常年地下水位低于地下室地坪
2. 下列情况下，地下室宜做防水处理的是（　　）。
   A. 最高地下水位高于地下室地坪
   B. 最高地下水位低于地下室地坪
   C. 常年地下水位高于地下室地坪
   D. 常年地下水位低于地下室地坪
3. 对地下室的防潮做法的表述，下列正确的是（　　）。
   A. 地下室的防潮应设水平防潮层与垂直防潮层各一道
   B. 当设计最高地下水位低于地下室底板 200 mm 时只做防潮处理
   C. 地下室的内墙为砖墙时，墙身与底板相交处也应做水平防潮层
   D. 地下室的防潮，砌体必须用防水砂浆砌筑

三、简答题

1. 地下室由哪些部分组成？
2. 地下室是如何分类的？
3. 地下室防潮与防水做法有哪几种？

四、组讨论，各小组按要求完成下列各题

1. 请绘制地下室外包防水构造图，并说明内外包防水分别的适应范围。
2. 图 2-3 为地下室防潮做法，请填写图中空白处。

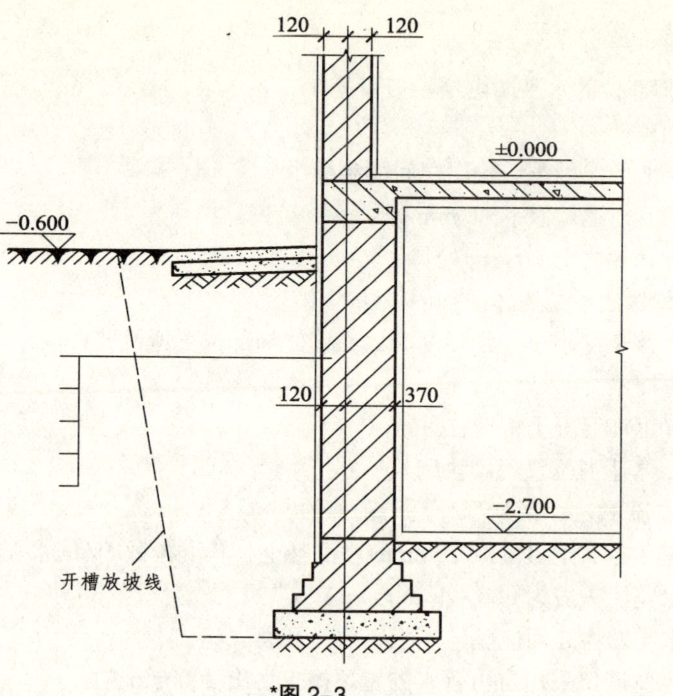

*图 2–3

【任务考核评价】

表 2.2　学习（工作）任务完成情况评价

项目二：基础与地下室认知　　　　任务二：地下室构造认知

序号	考评内容	分值	学生自评（20%）	小组评价（30%）	教师评价（50%）	单项内容加权得分
1	知识与技能					
2	过程与方法					
3	态度与合作					
任务得分=∑（单项内容加权得分）						

【项目考核评价】

表 2.3　项目完成情况评价

项目二：基础与地下室认知

任务编号	任　务	得分	权重	项目得分
任务一	基础构造认知		0.6	
任务二	地下室构造认知		0.4	

* 注：全书图中尺寸无单位者，除标高为 m 外，其余皆为 mm。

项目三　墙体认知

【主要内容】

本项目主要介绍墙体，勒脚、墙身水平防潮层、散水、窗台、圈梁、过梁、构造柱，砌块墙、隔墙构造等的相关知识。

【基本要求】

知识目标：

1. 熟悉常见墙体的类型。
2. 掌握砖墙的砌筑方式与尺寸控制。
3. 掌握勒脚、墙身水平防潮层、散水、窗台、圈梁、过梁、构造柱的一般构造。
4. 了解砌块墙、隔墙构造。
5. 了解常用墙面装修材料及构造。

能力目标：

1. 能分清不同墙体类型。
2. 能认识不同墙体的细部构造要点。
3. 能识读并绘制墙身节点构造详图。
4. 能识读墙面装修图。
5. 能查阅相关规范。

任务一　墙体构造认知

【任务描述】

通过本任务的学习，学生应能分清不同墙体类型，能认识不同墙体的细部构造要点，能识读并绘制墙身构造详图，能查阅相关规范。

【学习要点】

1. 墙体按在平面上所处位置不同，可分为外墙和内墙、纵墙和横墙； 按受力方式分为两种——承重墙和非承重墙；按构造方式可以分为实体墙、空体墙和组合墙三种；按施工方法可以分为块材墙、板筑墙及板材墙三种。

2. 对有保温要求的墙体；可增加墙体的厚度，选择导热系数小的墙体材料，采取隔蒸汽措施提高其构件的热阻。墙体的隔热措施有：外墙采用浅色而平滑的外饰面，在外墙内部设通风间层，在窗口外侧设置遮阳设施，在外墙外表面种植攀缘植物使之遮盖整个外墙。控制噪声一般采取以下措施：加强墙体缝隙的填密处理，增加墙厚和墙体的密实性，采用有空气间层式多孔性材料的夹层墙，尽量利用垂直绿化降噪声。

3. 砖墙是用砂浆将一块块砖按一定技术要求砌筑而成的砌体，其材料是砖和砂浆。为了保证墙体的强度，砖砌体的砖缝必须横平竖直，错缝搭接，避免通缝。同时砖缝砂浆必须饱满，厚薄均匀。

4. 勒脚为外墙身接近室外地面处的表面保护和饰面处理部分。

墙身防潮层防止土壤中的水分沿基础上升，以免位于勒脚处的地面水渗入墙内而导致墙身受潮，可以提高建筑物的耐久性，保持室内干燥卫生，在构造形式上有水平防潮层和垂直防潮层两种形式。

为了迅速排除从屋檐下滴的雨水，防止因积水渗入地基而造成建筑物的下沉，在外墙四周靠近勒脚下部设置的排水坡称为散水。

明沟是设在外墙四周将雨水管流下的屋面雨水有组织地导向集水口，流向排水系统的小型的排水沟。

为避免顺窗而下的雨水聚集在窗洞下部或窗下槛与窗洞之间的缝隙而向室内渗流，也为了避免污染墙面，应在窗洞下部靠室外一侧设置窗台。

过梁为设置在门窗洞口上方的用来支承门窗洞口上部砌体和楼板传来的荷载，并把这些荷载传给门窗洞口两侧墙体的水平承重构件。

沿建筑物外墙四周及部分内墙的水平方向设置的连续闭合的梁称为圈梁，又称腰箍。圈梁可增强楼层平面的空间刚度和整体性，减少因地基不均匀沉降而引起的墙身开裂，并与构造柱组合在一起形成骨架，提高抗震能力。

砌体系脆性材料，抗震能力差，在 6 度及以上的地震设防区，应增设钢筋混凝土构造柱以增强建筑物的整体刚度和稳定性，一般设在外墙转角、内外墙交接处、较大洞口两侧、较长墙段的中部及楼梯间、电梯间四角等。

5. 砌块是利用混凝土、工业废料（炉渣、粉煤灰等）或地方材料制成的人造块材，外形尺寸比砖大，具有设备简单，砌筑速度快的优点，符合了建筑工业化发展中墙体改革的要求。砌块墙一般为松散材料或空心形式，因此比砖墙更需要加强构造处理，以增强其墙体的整体性和稳定性。

6. 隔墙是分隔建筑物内部空间的非承重构件，本身重力由楼板或梁来承担。设计要求隔墙自重轻，厚度薄，有隔声和防火性能，便于拆卸，浴室、厕所的隔墙能防潮、防水。常用隔墙有块材隔墙、轻骨架隔墙和板材隔墙三大类。

【巩固练习】

一、填空题

1. 墙体按构造方式不同，有______、______、______。
2. 墙体按施工方式不同可分为______、______、______。
3. 标准砖的规格为______。砌筑砖墙时，必须保证上下皮砖缝______搭接，避免形成通缝。
4. 常见的隔墙有______、______和______。

二、选择题（单选）

1. 墙体勒脚部位的水平防潮层一般设于（　　）。
   A. 基础顶面
   B. 底层地坪混凝土结构层之间的砖缝中
   C. 底层室内地坪以下 60 mm 处
   D. 室外地坪之上 60 mm 处
2. 下列哪种做法不是墙体的加固做法？（　　）
   A. 当墙体长度超过一定限度时，在墙体局部位置增设壁柱
   B. 设置圈梁
   C. 设置钢筋混凝土构造柱
   D. 在墙体适当位置用砌块砌筑
3. 散水的构造做法，下列哪种是不正确的？（　　）
   A. 在素土夯实上做 60 ~ 100 mm 厚混凝土，其上再做 5%的水泥砂浆抹面
   B. 散水宽度一般为 600 ~ 1 000 mm
   C. 散水与墙体之间应整体连接，防止开裂
   D. 散水宽度比采用自由落水的屋顶檐口多出 200 mm 左右
4. 图 3-1 中砖墙的组砌方式是（　　）。
   A. 梅花丁　　B. 多顺一丁　　C. 一顺一丁　　D. 全顺式

图 3–1　　图 3–2

5. 图 3-2 中砖墙的组砌方式是（　　）。
   A. 梅花丁　　B. 多顺一丁　　C. 全顺式　　D. 一顺一丁
6. 施工规范规定的砖墙竖向灰缝宽度为（　　）。
   A. 6 ~ 8 mm　　B. 7 ~ 9 mm　　C. 10 ~ 12 mm　　D. 8 ~ 12 mm

三、简答题

1. 砖墙组砌的要点是什么？
2. 墙中为什么要设水平防潮层？设在什么位置？一般有哪些做法？各有什么优缺点？
3. 什么情况下要设垂直防潮层？为什么？
4. 试述散水和明沟的作用和一般做法。
5. 常见的过梁有几种？它们的适用范围和构造特点是什么？
6. 墙身加固措施有哪些？
7. 常见隔墙有哪些？简述各种隔墙的构造做法。

四、分组讨论，各小组按要求完成下列各题

1. 在图 3-3 中表示外墙墙身水平防潮层和垂直防潮层的位置。

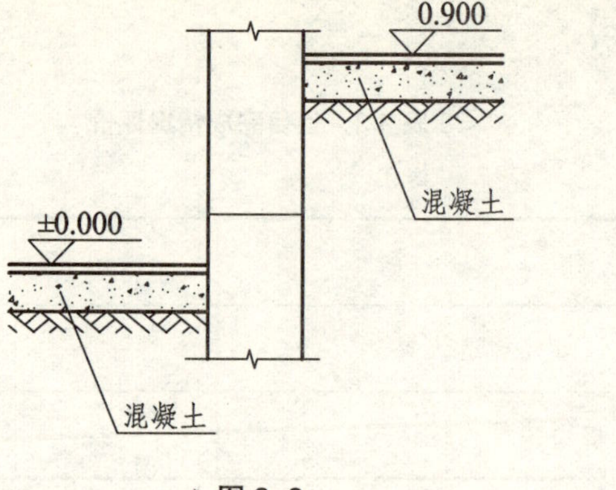

图 3-3

2. 在图 3-4 中圈梁被窗洞口截断，请在图中画出附加圈梁并标注相关尺寸。

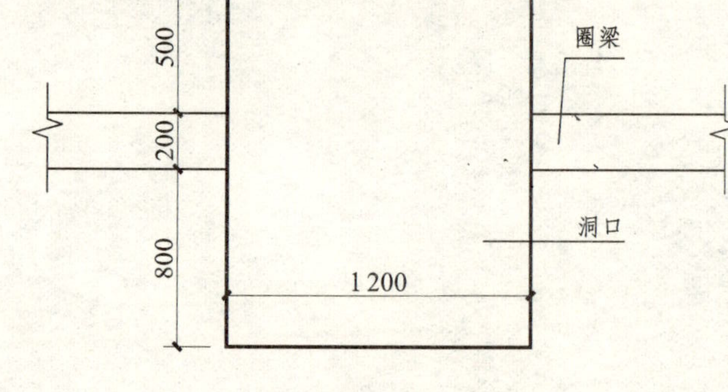

图 3-4

3. 识读附图一、附图二，试分别根据受力要求判断墙体类型。
4. 识读附图一、附图二，试分别绘制附图一、附图二的散水构造图。

【任务考核评价】

表 3.1 学习（工作）任务完成情况评价

项目三：墙体认知　　　　任务一：墙体构造认知

序号	考评内容	分值	学生自评（20%）	小组评价（30%）	教师评价（50%）	单项内容加权得分
1	知识与技能					
2	过程与方法					
3	态度与合作					
任务得分=∑（单项内容加权得分）						

任务二　墙面装修构造认知

【任务描述】

通过本任务的学习，学生应能了解墙面装修的一般做法，能识读并绘制墙面装修图，能查阅相关规范。

【学习要点】

1. 墙面装饰的作用：保护墙体、装饰美观、提高使用功能（防水、保温、隔热）。
2. 墙面装饰装修工程分为：抹灰类、贴面类、涂刷类、板材类、卷材类等。
3. 抹灰类：抹灰类饰面由底层、中间层和饰面层组成，三层的作用不同：

（1）底层的作用是：保证与墙体连接牢固和平整；

（2）中间层的作用是：找平与黏结，弥补底层的裂缝；

（3）饰面层的作用是：装饰。

4. 常用的贴面材料可分为三类：一是陶瓷制品，如瓷砖、面砖、陶瓷锦砖、玻璃马赛克等；二是天然石材，如大理石、花岗岩等；三是预制块材，如水磨石饰面板、人造石材等。
5. 涂料饰面：三层的不同作用为：

（1）底涂料的作用是：与基层结合、防止可溶性盐渗出。

（2）中间涂料的作用是：成型层。

（3）面层涂料的作用是：色彩、光感。

6. 油漆是指涂刷在材料表面能够干结成膜的有机涂料，用这种涂料做成的饰面称为油漆饰面。
7. 光洁坚硬的原木、胶合板、装饰板、硬质纤维板等可用作墙面护壁，护壁高度在 1～1.8 m 左右，甚至与顶棚做平。
8. 其他饰面构造有：纸面石膏板、矿棉板、水泥刨花板、墙纸、墙布饰面构造。

【巩固练习】

一、选择题

1. 抹灰类饰面的中间层的作用是（　　）。

A. 初步找平　　B. 弥补底层砂浆的干缩裂缝

C. 装饰作用　　D. 浇筑

2. 墙面抹类分为一般抹灰和装饰抹灰，下面哪种材料属于装饰抹灰（　　）。

A. 混合砂浆抹灰　　B. 纸筋麻刀灰

C. 膨胀珍珠岩罩面　　D. 斩假石

3. 玻璃马赛克又称为（　　）。

A. 陶瓷锦砖　　B. 缸砖　　C. 瓷砖　　D. 面砖

4. 外墙面装饰的基本功能是（　　）。

A. 保护墙体　　　　　　B. 改善墙体的物理性能

C. 美化建筑立面　　　　D. 以上都对

5. 抹灰中底层抹灰的主要作用是（　　）。

A. 找平　　B. 黏结　　C. 刮糙　　D. 浇筑

6. 抹灰的材料分为（　　）。

A. 水泥砂浆、混合物砂浆、麻刀灰、纸筋灰

B. 石灰砂浆、水泥砂浆、混合物砂浆、麻刀灰、纸筋灰

C. 胶黏材料

D. 石灰砂浆、纸筋灰

7. 建筑幕墙按（　　）分类，有玻璃幕墙、金属幕墙、石材幕墙、人造板幕墙、组合幕墙等。

A. 面板材料　　B. 骨架材料　　C. 支承方式　　D. 嵌缝形式

二、判断题（下列各题，你认为正确的，请在题后的括号内打"√"，错的打"×"）

1. 涂刷类饰面是指在墙面基层上，经批刮腻子处理，然后在其上涂刷选定的建筑涂料所形成的一种饰面。（　　）

2. 涂刷类饰面的耐久性特别好。（　　）

3. 室内装饰抹灰阳角处容易碰坏，通常在内墙阳角、门洞转角、柱子四角等处，用强度较高的1∶2水泥砂浆抹出或预埋角钢作护角。（　　）

4. 外墙装修，一方面可以防止墙体直接受到风、霜、雨、雪的侵袭及温度剧烈变化而带来的影响；另一方面可使建筑的色彩质感等取得理想效果。（　　）

三、分组讨论，各小组按要求完成下列各题

1. 识读附图一，试分别绘制卫生间和卧室的内墙构造做法图。

2. 识读附图二，试分别绘制卫生间和办公室的内墙构造做法图。

3. 识读附图一，试分别说明外墙有几种装修做法，分别是哪几种，各自在哪个部位。绘制出一种外墙构造做法图。

4. 识读附图二，试分别说明外墙有几种装修做法，分别是哪几种。

【任务考核评价】

表 3.2　学习（工作）任务完成情况评价

项目三：墙体认知　　　　任务二：墙面装修构造认知

序号	考评内容	分值	学生自评（20%）	小组评价（30%）	教师评价（50%）	单项内容加权得分
1	知识与技能					
2	过程与方法					
3	态度与合作					
任务得分=∑（单项内容加权得分）						

【项目考核评价】

表 3.3　项目完成情况评价

项目三：墙体认知

任务编号	任　务	得分	权重	项目得分
任务一	墙体构造认知		0.6	
任务二	墙面装修构造认知		0.4	

项目四　楼板层与地坪层

【主要内容】

本项目主要介绍钢筋混凝土楼板；不同类型的楼地面构造及细部构造做法；直接式顶棚、悬吊式顶棚构造做法；阳台类型，阳台细部节点做法；雨篷支撑方式，雨篷细部构造做法等的相关知识。

【基本要求】

知识目标：

1. 掌握楼地层构造。
2. 了解楼板按材料不同的分类。
3. 掌握混凝土楼板按施工方式不同的分类及构造做法。
4. 掌握楼地层设计要求。
5. 掌握雨篷阳台的构造。
6. 熟悉相关规范。

能力目标：

1. 能认识不同类型的楼板构造。
2. 能认识楼地面的类型及其构造做法。
3. 能认识顶棚的类型及其构造做法。
4. 能根据楼地面构造方案，绘制楼地面做法详图。
5. 能够识读阳台细部节点做法；能够辨别雨篷支撑方式，识读雨篷细部构造做法。
6. 能查阅相关规范。

任务一　楼板构造认知

【任务描述】

通过本任务的学习，学生应能够知道楼板层的作用、类型、组成，能够理解设计要求，能够识读不同类型的楼板构造做法，能查阅相关规范。

【学习要点】

1. 楼板层、地坪层是建筑物的水平承重构件。楼板层由面层、结构层、顶棚三部分组成；地坪层由面层、结构层（垫层）和基层组成。为满足使用功能设有附加层，以解决隔声、保温、隔热、防水、防火等问题。

2. 楼板层按结构层所用材料的不同，可分为木楼板、砖拱楼板、钢筋混凝土楼板、钢楼板及压型钢板与混凝土组合楼板等，其中现浇式钢筋混凝土楼板分为板式楼板（当板的长边与短边之比大于2时，称为单向板；当板的长边与短边之比不大于2时，称为双向板）、梁板式楼板、无梁楼板、井字梁楼板、压型钢板组合楼板等。预制装配式钢筋混凝土楼板可分为实心板平板、空心板、槽形板等，其整体性相对较差，故应采用一定构造措施来加强。装配整体式钢筋混凝土楼板整合了现浇式楼板整体性好和装配式楼板施工简单、工期短的优点。装配整体式钢筋混凝土楼板按结构及构造方式可分为密肋填充块楼板和预制薄板叠合楼板。

【巩固练习】

一、填空题

1. 楼板按其所用的材料不同，可分为______、______、______、______、______等。
2. 钢筋混凝土楼板按其施工方式不同分为______、______和装配整体式楼板三种。
3. 现浇梁板式楼板布置中，主梁应沿房间的______方向布置，次梁垂直于______方向布置。
4. 预制钢筋混凝土楼板的支承方式有______和______两种。
5. 预制钢筋混凝土空心楼板的搁置应避免出现______支承情况，即板的纵长边不得伸入砖墙内。
6. 楼板层主要由______、______和______三部分组成，有特殊要求的房间通常增设附加层。
7. 地坪层主要由______、______和______三部分组成，必要时也可增设附加层。
8. 预制板可直接搁置在墙上或梁上，为满足结构要求，通常应满足板端的搁置长度。一般情况下，板搁置在梁上应不小于______，搁置在内墙上不小于______。

二、选择题（单选）

1. 空心板在安装前，孔的两端常用混凝土或碎砖块堵严，其目的是（　　）。
   A. 增加保温性
   B. 避免板端被压坏
   C. 增强整体性
   D. 避免板端滑移
2. 预制板侧缝间需灌注细石混凝土，当缝宽大于（　　）时，须在缝内配纵向钢筋。
   A. 30 mm　　B. 50 mm
   C. 60 mm　　D. 65 mm
3. 预制混凝土梁搁置在墙上时，常需在梁与砌体间设置混凝土或钢筋混凝土垫块，其目的是（　　）。
   A. 扩大传力面积
   B. 简化施工
   C. 增加室内净高
   D. 减少梁内配筋

4. 楼板层通常由（　　）组成。

A. 面层、楼板、地坪

B. 面层、楼板、顶棚

C. 支撑、楼板、顶棚

D. 垫层、梁、楼板

5. 根据使用材料的不同，楼板可分为（　　）。

A. 楼板、钢筋混凝土楼板、压型钢板组合楼板

B. 钢筋混凝土楼板、压型钢板组合楼板、空心板

C. 肋梁楼板、空心板、压型钢板组合楼板

D. 压型钢板组合楼板、木楼板、钢筋混凝土楼板

6. 根据钢筋混凝土楼板的施工方法不同，楼板可分为（　　）。

A. 现浇式、梁板式、板式

B. 板式、装配整体式、梁板式

C. 装配式、装配整体式、现浇式

D. 装配整体式、梁板式、板式

7. 常用的预制钢筋混凝土楼板，根据其截面形式可分为（　　）。

A. 平板、组合式楼板、空心板

B. 槽形板、平板、空心板

C. 空心板、组合式楼板、平板

D. 组合式楼板、肋梁楼板、空心板

8. 预制钢筋混凝土楼板间留缝隙的原因是（　　）。

A. 板宽规格的限制，实际尺寸小于标志尺寸

B. 有利于预制板的制作

C. 有利于加强板的强度

D. 有利于房屋整体性的提高

9. 现浇肋梁楼板由（　　）现浇而成。

A. 混凝土、砂浆、钢筋

B. 柱、次梁、主梁

C. 板、次梁、主梁

D. 砂浆、次梁、主梁

10. 根据受力状况的不同，现浇肋梁楼板可分为（　　）。

A. 单向板肋梁楼板、多向板肋梁楼板

B. 单向板肋梁楼板、双向板肋梁楼板

C. 双向板肋梁楼板、三向板肋梁楼板

D. 有梁楼板、无梁楼板

三、简答题

1. 预制钢筋混凝土楼板的特点是什么？常用的板型有哪几种？
2. 现浇钢筋混凝土楼板的特点和适用范围是什么？

四、分组讨论，各小组按要求完成下列各题

1. 识读附图一，用图示例二层卫生间楼板层和一层卫生间地坪层的构造层次。
2. 举例说明空心板与墙之间的位置关系。
3. 举例说明空心板与梁之间的位置关系。

【任务考核评价】

表 4.1　学习（工作）任务完成情况评价

项目四：楼地层认知　　　　任务一：楼板构造认知

序号	考评内容	分值	学生自评（20%）	小组评价（30%）	教师评价（50%）	单项内容加权得分
1	知识与技能					
2	过程与方法					
3	态度与合作					
任务得分=∑（单项内容加权得分）						

任务二　楼地面构造认知

【任务描述】

通过本任务的学习，学生应能够知道楼地面的构造组成，能够识读不同类型的楼地面构造及细部构造做法，能查阅相关规范。

【学习要点】

楼地面构造是指楼板层和地坪层的地面面层。楼板层的面层和地坪的面层在构造和要求上是一致的，均属室内装修范畴，统称地面。其基本组成有面层、垫层和基层三部分。楼地面按其材料和做法可分为 4 大类型，即：整体类地面、块材类地面、粘贴类地面、涂料类地面。

【巩固练习】

一、选择题（单选）

1. 现浇水磨石地面常嵌固分格条（玻璃条、铜条等），其目的是（　　）。

A. 防止面层开裂　　B. 便于磨光

C. 面层不起灰　　D. 增添美观

2. （　　）施工方便，但易结露、易起尘、导热系数大。

A. 现浇水磨石地面　　B. 水泥地面

C. 木地面　　D. 预制水磨石地面

3. 地面按其材料和做法可分为（　　）。

A. 水磨石地面、块料地面、塑料地面、木地面

B. 块料地面、塑料地面、木地面、泥地面

C. 整体地面、块料地面、粘贴地面、涂料地面

D. 刚性地面、柔性地面

4. 下面属整体地面的是（　　）。

A. 釉面地砖地面和抛光砖地面

B. 抛光砖地面和水磨石地面

C. 水泥砂浆地面和抛光砖地面

D. 水泥砂浆地面和水磨石地面

5. 下面属块料地面的是（　　）。

A. 黏土砖地面和水磨石地面

B. 抛光砖地面和水磨石地面

C. 马赛克地面和抛光砖地面

D. 水泥砂浆地面和耐磨砖地面

6. 木地面按其构造做法有（　　）。

A. 空铺、实铺、砌筑　　B. 实铺、空铺、拼接

C. 粘贴、空铺、实铺　　D. 砌筑、拼接、实铺

二、简答题

1. 水泥砂浆地面和水磨石地面如何构造？

2. 常用块材地面的种类、优缺点及适用范围？

三、分组讨论，各小组按要求完成下列各题

识读附图一、附图二，分别说明附图一、附图二中地面和楼面有几种做法，各种做法的名称、类型（按材料及做法分类），并分别在两套图纸中任选一种地面、一种楼面绘制其做法图。

【任务考核评价】

表 4.2　学习（工作）任务完成情况评价

项目四：楼地层认知　　　　任务二：楼地面构造认知

序号	考评内容	分值	学生自评（20%）	小组评价（30%）	教师评价（50%）	单项内容加权得分
1	知识与技能					
2	过程与方法					
3	态度与合作					
任务得分=∑（单项内容加权得分）						

任务三　顶棚、阳台、雨篷构造认知

【任务描述】

通过本任务的学习，学生应能清楚顶棚的分类；能认识直接式顶棚、悬吊式顶棚构造做法；能够辨别阳台类型，理解设计要求；能够识读阳台细部节点做法；能够辨别雨篷支撑方式；能够识读雨篷细部构造做法；能查阅相关规范。

【学习要点】

1. 顶棚按饰面与基层的关系可归纳为直接式顶棚与悬吊式顶棚两大类。

（1）直接式顶棚是在屋面板或楼板结构底面直接做饰面材料的顶棚。它具有构造简单、构造层厚度小，施工方便，可取得较高的室内净空，造价较低等特点，但没有供隐蔽管线、设备的内部空间，故用于普通建筑或空间高度受到限制的房间。

（2）悬吊式顶棚是指顶棚的装饰表面悬吊于屋面板或楼板下，并与屋面板或楼板留有一定距离的顶棚，俗称吊顶。悬吊式顶棚可结合灯具、通风口、音响、喷淋、消防设施等进行整体设计，形成变化丰富的立体造型，改善室内环境，满足不同使用功能的要求。

2. 阳台是楼房各层与房间相连的室外平台，按其与外墙的相对位置分为挑阳台、凹阳台、半挑半凹阳台、转角阳台。结构处理有挑梁式、挑板式、压梁式及墙承式。悬挑阳台的挑出长度不宜过大，应保证在荷载作用下不发生倾覆现象，以 1.2～1.8 m 为宜。低层、多层住宅阳台栏杆净高不低于 1.05 m，中高层住宅阳台栏杆净高不低于 1.1 m，但也不大于 1.2 m。阳台栏杆形式应防坠落（垂直栏杆间净距不应大于 110 mm）、防攀爬（不设水平栏杆），以免造成恶果。放置花盆处，也应采取防坠落措施。

3. 雨篷是指在建筑物外墙出入口的上方用以挡雨并有一定装饰作用的水平构件，根据雨篷板的支承方式不同，有悬板式和梁板式两种。

【巩固练习】

一、填空题

1. 顶棚按其构造方式不同有________和________两大类。

2. 悬吊式顶棚一般由__________、___________、___________组成。

3. 吊顶面层按施工方式分为 _________和_________两大类。

4. 阳台按其与外墙的相对位置不同分为______、______、_____和转角阳台等。

5. 吊顶基层根据材料不同，可分为_____、______、_______和______等。

二、选择题（单选）

1. 吊顶的吊筋是连接（　　）的承重构件。

A. 搁栅和屋面板或楼板等　　B. 主搁栅与次搁栅

C. 搁栅与面层　　D. 面层与面层

2. 阳台按使用要求不同可分为（　　）。
   A. 凹阳台和凸阳台　　B. 生活阳台和服务阳台
   C. 封闭阳台和开敞阳台　　D. 生活阳台和工作阳台
3. 阳台是由（　　）组成的。
   A. 栏杆和扶手　　B. 挑梁和扶手
   C. 栏杆和承重结构　　D. 栏杆和栏板
4. 挑阳台的结构布置可采用（　　）方式。
   A. 挑梁搭板、悬挑阳台板
   B. 砖墙承重、梁板结构
   C. 悬挑阳台板、梁板结构
   D. 框架承重、悬挑阳台板

三、名词解释

顶棚　　雨篷　　阳台

四、简答题

1. 吊顶的组成及作用是什么？
2. 阳台结构布置方式有哪几种？

五、分组讨论，各小组按要求完成下列各题

1. 识读附图一、附图二，分别说明其顶棚的类型及做法。
2. 图示阳台栏杆扶手与墙体的两种连接方式。
3. 图示栏杆与扶手的四种连接方式。
4. 图示阳台排水构造。
5. 图示梁板式雨篷构造。

【任务考核评价】

表 4.3　学习（工作）任务完成情况评价

项目四：楼地层认知　　　　任务三：顶棚、阳台、雨篷构造认知

序号	考评内容	分值	学生自评（20%）	小组评价（30%）	教师评价（50%）	单项内容加权得分
1	知识与技能					
2	过程与方法					
3	态度与合作					
任务得分=∑（单项内容加权得分）						

【项目考核评价】

表 4.4　项目完成情况评价

项目四：楼地层认知

任务编号	任务	得分	权重	项目得分
任务一	楼板构造认知		0.4	
任务二	楼地面构造认知		0.4	
任务三	顶棚、阳台、雨篷构造认知		0.2	

项目五 屋顶认知

【主要内容】

本项目主要介绍屋顶的作用与组成、屋顶的类型、平屋顶的防水构造和保温隔热构造、坡屋顶的防水构造和保温隔热构造。

【基本要求】

知识目标：
1. 掌握屋顶的分类与组成。
2. 掌握平屋顶的防水构造及细部构造。
3. 了解坡屋顶的细部构造。

能力目标：
1. 能分清屋顶类型。
2. 能图示屋顶的主要组成部分并说出各功能要求。
3. 能够看懂屋顶的防水构造及细部构造并图示表示。
4. 能说出屋顶保温与隔热构造做法。

任务一 划分屋顶的类型

【任务描述】

通过本任务的学习，学生应能分清楚建筑物的屋顶类型，能够描述建筑物的屋顶的组成部分及其作用。

【学习要点】

1. 屋顶是建筑物最上层起覆盖作用的外围护构件，用以抵抗雨雪、避免日晒等自然因素的影响。

2. 屋顶由四部分组成，即屋面、保温（隔热）层、承重结构和顶棚。

3. 屋顶的类型很多，大体可以分为平屋顶、坡屋顶和其他形式的屋顶。各种形式屋顶的，主要区别在于屋顶坡度的大小，而屋顶坡度又与屋面材料、屋顶形式、地理气候条件、结构选型、构造方法、经济条件等多种因素有关。

【巩固练习】

一、填空题

1. 建筑的屋顶属于围护结构，屋顶的主要功能是________、________、

________、________等。屋顶的外观形式多样，但基本上分三大类型，即________、________和________。

2. 屋顶由________、________、________、________等组成。

3. 屋顶按照坡度和结构类型不同分为________、________和________三大类。

4. 平屋顶的屋顶坡度小于________。

5. 坡屋顶是指坡度大于________的屋顶。

二、简答题

1. 屋顶的作用有哪些？
2. 屋顶应满足哪些设计要求？
3. 屋顶坡度与哪些因素有关？

三、分组讨论，各小组按要求完成下列各题

1. 试分别指出附图一、附图二以及校内教学楼、食堂、宿舍楼等屋顶的类型。
2. 请谈谈你们最喜欢校园内哪个建筑物的屋顶？为什么？
3. 请谈谈你心中最美的屋顶是什么样式的？
4. 我们日常所见的屋顶形式多种多样，但它们从根本上有着哪些共同点呢？

【任务考核评价】

表 5.1 学习（工作）任务完成情况评价

项目五：屋顶认知　　　　任务一：划分屋顶的类型

序号	考评内容	分值	学生自评（20%）	小组评价（30%）	教师评价（50%）	单项内容加权得分
1	知识与技能					
2	过程与方法					
3	态度与合作					
任务得分=∑（单项内容加权得分）						

任务二 屋顶构造认知

【任务描述】

通过本任务的学习，学生应能够知晓平屋顶的防水、隔热、保温构造，能够知晓坡屋顶的防水构造。

【学习要点】

1. 平屋顶的屋面应有 1%～5%的排水坡。排水坡可通过构造找坡或结构找坡两种方法形成。构造找坡（材料找坡）是指将屋面板水平搁置，利用价廉、轻质的材料垫置形成坡度的一种做法，因而材料找坡又称垫置找坡。结构找坡是指将屋面板倾斜搁置在下部的墙体或屋面梁及屋架上的一种做法，因而结构找坡又称搁置找坡。

2. 屋顶排水方式分为无组织排水和有组织排水两大类。雨水经屋檐直接自由落下，称无组织排水，也称自由落水，是屋面雨水直接从檐口落至室外地面的一种排水方式。有组织排水是在屋顶设置或垫置天沟，将雨水导入雨水竖管排出建筑物以外。

3. 平屋顶主要由结构层、找平层、隔气层、保温层、找坡层、防水层、保护层等组成。

4. 卷材防水屋面适用于防水等级为Ⅰ～Ⅳ级的屋面防水。常用材料有高聚物改性沥青防水卷材、合成高分子防水卷材、沥青防水卷材。

5. 刚性防水屋面，是以细石混凝土作防水层的屋面。刚性防水屋面要求基层变形小，一般只适用于无保温层的屋面，因为保温层多采用轻质多孔材料，其上不宜进行浇筑混凝土的湿作业。

6. 屋面坡度大于 10%的屋顶叫坡屋顶。坡屋顶的坡度大，雨水容易排除，屋面防水问题比平屋顶容易解决，在隔热和保温方面，也有其优越性。

7. 坡屋顶的结构形式可分为无檩体系和有檩体系两种。无檩体系屋顶构造同平屋顶，是将横向承重墙的上部按屋顶要求的坡度砌筑，上面直接铺钢筋混凝土屋面板，也可在屋架（或梁）上直接铺钢筋混凝土屋面板；有檩体系是在横墙（或梁、屋架）上搭檩条，然后铺放屋面板。

8. 坡屋顶的构造包括两大部分：一部分是承重结构；另一部分是由保温隔热材料和防水材料等组成的屋面面层。

9. 常用坡屋顶面材有平瓦、油毡瓦、彩色压型钢板等。

【巩固练习】

一、填空题

1. 平屋顶的屋面不是水平的，它与坡屋顶的划分界限是平屋顶的屋面坡度小于或等于______________。

2. 屋顶排水坡度的形成有______________和______________两种方式。

3. 屋顶排水有____________和____________两种方式。

4. 平屋顶防水屋面按其防水材料的不同，可以分为______________、______________和____________。

5. 平屋顶泛水构造中，泛水高度应____________。

6. 刚性防水屋面的混凝土强度等级应不低于____________，厚度不宜小于____________，并应配置__________间距为__________的双向钢筋网片。

7. 平屋顶按照保温层和防水层设置位置的不同，有____________和____________两种做法。

二、选择题（单选）

1. 混凝土刚性防水屋面中，为减少结构变形对防水层的不利影响，常在防水层与结构层之间设置（　　）。

A. 隔气层　　B. 隔声层
C. 隔离层　　D. 隔热层

2. 下列关于屋面防水构造的表述中，（　　）是正确的。

A. 刚性防水屋面的泛水构造与卷材屋面的构造相同
B. 刚性防水屋面，女儿墙与防水层之间不应有缝，并加铺附加防水卷材形成泛水
C. 泛水应有足够的高度，一般不应小于 250 mm
D. 刚性防水层内的钢筋在分格缝处应连通，保持防水层的整体性

3. 在有檩体系中，瓦通常铺设在（　　）组成的基层上。

A. 檩条、屋面板、挂瓦条　　B. 各类钢筋混凝土板
C. 木望板和檩条　　D. 钢筋混凝土板、檩条和挂瓦条

4. 下列有关刚性屋面防水层分格缝的表述中，（　　）是正确的。

A. 刚性防水屋面与女儿墙之间不应设分格缝，以利于防水
B. 分格缝可以减少刚性防水层的伸缩变形，防止和限制裂缝的产生
C. 分格缝的设置是为了把大块现浇混凝土分割成小块，便于施工
D. 刚性防水层内的钢筋在分格缝处应连通，保持防水层的整体性

5. 下列建筑屋面中，（　　）应采用有组织的排水形式。

A. 高度较低的简单建筑　　B. 积灰多的屋面
C. 有腐蚀介质的屋面　　D. 降雨量较大地区的屋面

6. 屋顶的设计应满足（　　）、结构和建筑艺术三方面的要求。

A. 经济　　B. 材料
C. 功能　　D. 安全

7. 结构找坡的优点是（　　）。

① 经济性好　② 减轻荷载　③ 室内顶棚平整　④ 排水坡度较大

A. ①②③④　B. ①②④　C. ①②③　D. ①②

8. 刷冷底子油的作用是（　　）。

A. 防止油毡鼓泡　　B. 防水
C. 隔热　　D. 黏结防水层

9. 在刚性防水屋面中，设置分格缝的目的是为了（　　）

① 防止屋面因为温度变化而引起刚性防水层开裂
② 防止屋面因屋面板产生挠曲变形而引起刚性防水层开裂
③ 便于施工
④ 美观的需要

A. ②③　B. ①③　C. ①②　D. ①②③④

10. 屋面的泛水是指屋面与垂直墙交接处的（　　）构造措施。

A. 防水　B. 滴水　C. 散水　D. 披水

三、简答题

1. 屋顶坡度的确定一般与哪些因素有关？
2. 形成屋面坡度的方法有哪些？各有何特点？
3. 平屋面防水一般有几种防水方案？各有何特点？
4. 柔性防水屋面的构造层次有哪些？这些构造层次有何作用和要求？
5. 刚性防水屋面一般由哪些构造层次组成？这些构造层次各有什么作用以及构造？
6. 刚性防水屋面为什么要设置分仓缝？通常在哪些部位设置？分仓缝处应如何处理？
7. 屋面排水方式有几种形式？各有何特点？
8. 卷材防水屋面泛水处理的构造要点是什么？
9. 坡屋顶的基本组成部分是什么？各有何作用？
10. 坡屋顶的承重结构类型有哪几种？各自的适用范围是什么？

四、分组讨论，各小组按要求完成下列各题

1. 识读附图一、附图二，完成表 5.2 的内容。

表 5.2

建筑物名称	找坡方式	排水方式	防水方式	结构体系（有无檩条）
附图一				
附图二				

2. 识读附图一、附图二，分别绘制屋面檐沟和泛水图。
3. 识读附图一、附图二，分别绘制屋面构造层次做法图。
4. 试根据图 5-1 填写坡屋顶几个部位的专业名称。

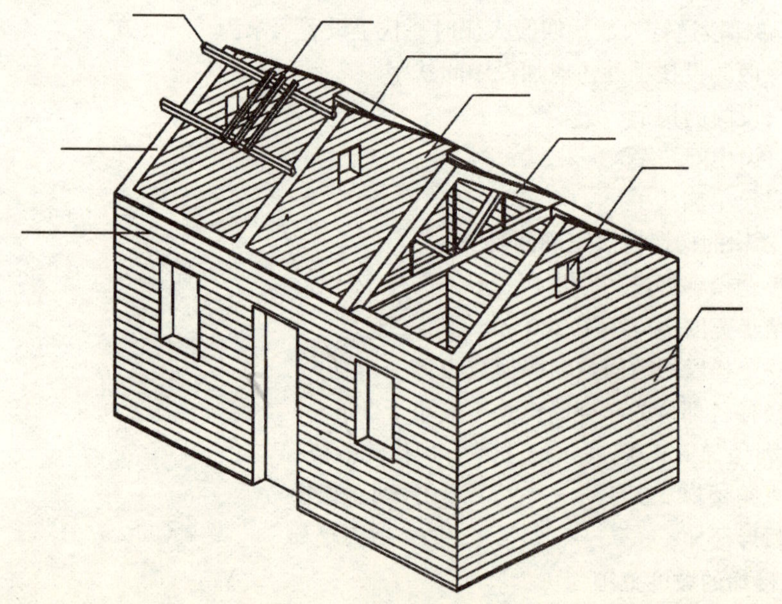

图 5-1　坡屋顶构造名称

【任务考核评价】

表 5.3　学习（工作）任务完成情况评价

项目五：屋顶认知　　　　任务二：屋顶构造认知

序号	考评内容	分值	学生自评（20%）	小组评价（30%）	教师评价（50%）	单项内容加权得分
1	知识与技能					
2	过程与方法					
3	态度与合作					
任务得分=∑（单项内容加权得分）						

【项目考核评价】

表 5.4　项目完成情况评价

项目五：屋顶认知

任务编号	任务	得分	权重	项目得分
任务一	划分屋顶的类型		0.3	
任务二	屋顶构造认知		0.7	

项目六　楼梯认知

【主要内容】

本项目主要介绍楼梯的作用与组成、楼梯的类型、楼梯的细部构造。

【基本要求】

知识目标：

1. 了解楼梯的组成及主要尺寸。
2. 了解钢筋混凝土楼梯构造。
3. 了解楼梯的细部构造。

能力目标：

1. 能分清不同类型的楼梯。
2. 能描述楼梯的组成。
3. 能清楚楼梯各主要尺寸。
4. 能知晓楼梯的细部构造。
5. 能识读楼梯施工图及楼梯标准图集。
6. 能够绘制楼梯平面布置图、剖面图及详图。

任务一　判断楼梯类型

【任务描述】

通过本任务的学习，学生应能够分清楼梯类型，能够描述楼梯的组成，能知道楼梯的主要尺寸，能够绘制楼梯的平、剖面图及详图。

【学习要点】

1. 楼梯一般由楼梯段、平台及栏杆（或栏板）三部分组成。楼梯段又称楼梯跑，是楼梯的主要使用和承重部分，由若干个踏步组成。平台是指两楼梯段之间的水平板，有楼层平台、中间平台之分。栏杆是楼梯段的安全设施，一般设置在梯段的边缘和平台临空的一边，要求它必须坚固可靠，并保证有足够的安全高度。

2. 楼梯的坡度是指梯段中各级踏步前缘的假定连线与水平面形成的夹角。踏步是由踏面和踢面组成。梯段尺度分为梯段宽度（b）和梯段长度（h）。

3. 楼梯各部位的净空高度应保证人流通行和家具搬运，楼梯平台上部及下部过道处的净高不应小于 2 m，梯段净高不宜小于 2.20 m。

【巩固练习】

一、填空题

1. 楼梯主要由__________、__________、__________三部分组成。

2. 楼梯梯段的踏步级数一般不宜超过__________级，也不宜少于__________级。梯段净高一般不小于__________，楼梯平台的下缘净高不应小于__________。

3. 楼梯按照材料可分为__________、__________和__________等类型。

4. 中间平台的主要作用是__________和__________。

5. 楼梯的扶手高度是指从__________至扶手上表面的垂直距离。一般室内楼梯的栏杆扶手高度不应小于________mm。室外楼梯，特别是消防楼梯的扶手高度应不小于________mm。

6. 楼梯的允许坡度范围在 23°～45°，普通楼梯的坡度不宜超过__________。

7. 对于托幼及小学等建筑，楼梯栏杆垂直杆件间的净距应不大于__________ mm。

8. 楼梯的平台深度（净宽）不应小于__________。

二、选择题（单选）

1. 为防儿童跌落，栏杆垂直杆件间净距不应大于（　　）。
   A. 150 mm　　B. 130 mm
   C. 110 mm　　D. 100 mm

2. 楼梯中间平台宽度应（　　）梯段宽度。
   A. 不小于　　B. 不大于
   C. 不等于　　D. 不考虑

3. 室外楼梯扶手高度应不小于（　　）。
   A. 900 mm　　B. 1 000 mm
   C. 1 100 mm　　D. 1 200 mm

4. 当楼梯梯段通行人数达四股人流时，扶手设置要求为（　　）。
   A. 除两侧设扶手外还应加设中间扶手
   B. 只设两侧扶手
   C. 只设中间扶手
   D. 只设单侧扶手

5. 关于楼梯的构造说法正确的是（　　）。
   A. 单跑楼梯梯段的踏步数一般不超过 15 级
   B. 踏步宽度不应小于 280 mm
   C. 一个梯段的踏面数与踢面数相等
   D. 楼梯各部位的净空高度均不应小于 2 m

6. 在下列楼梯形式中，（　　）不宜用作疏散楼梯。
   A. 直跑楼梯　　B. 两跑楼梯
   C. 弧形楼梯　　D. 剪刀楼梯

7. 常见楼梯的坡度范围为（　　）。
   A. 30°～60°　　B. 20°～45°

C. 45°~60°　　D. 30°~45°

8. 楼梯间梯井宽度以（　　）为宜。

A. 60~150 mm　　B. 100~200 mm

C. 60~200 mm　　D. 160~200 mm

9. 楼梯栏杆扶手的高度一般为 900 mm，供儿童使用的楼梯应在高度为（　　）处增设扶手。

A. 400~500 mm　　B. 500~600 mm

C. 600~700 mm　　D. 700~800 mm

三、简答题

1. 楼梯主要由哪些部分组成？各部分的作用和要求是什么？

2. 踏步尺寸与人行步距之间的关系如何？在不增加梯段长度的情况下如何加大踏步面的宽度？

3. 楼梯平台宽度、栏杆扶手高度和楼梯净空高度各有什么规定？

四、分组讨论，各小组按要求完成下列各题

1. 试根据表 6.1 的要求对建筑物中的楼梯进行分类。

表 6.1

建筑物名称	按平面形式	按建筑材料	按位置
教学楼主楼梯			
实验楼主楼梯			
宿舍楼			
食堂			
附图一			
附图二			

2. 参观校园内建筑物的楼梯，说说你们最喜欢哪个建筑物内的楼梯，请说明理由。

3. 根据所学知识，你们认为校园内哪个建筑物的楼梯设计得不合理，请说明理由。

4. 识读附图一、附图二，分别根据材料、平面形式等说明各楼梯的类型。

5. 识读附图一、附图二，分别说明各楼梯的踏面宽度和踢面高度。

6. 识读附图一、附图二，分别说明各楼梯的开间、进深、楼梯段的净宽和净高。

7. 指出教学楼各楼梯按使用性质分类及所处位置。

【任务考核评价】

表 6.2　学习（工作）任务完成情况评价

项目六：楼梯认知　　任务一：判断楼梯类型

序号	考评内容	分值	学生自评（20%）	小组评价（30%）	教师评价（50%）	单项内容加权得分
1	知识与技能					
2	过程与方法					
3	态度与合作					
任务得分=∑（单项内容加权得分）						

任务二　钢筋混凝土楼梯构造认知

【任务描述】

通过本任务的学习，学生应能够根据施工方法、受力形式等分清钢筋混凝土楼梯类型。

【学习要点】

1. 现浇钢筋混凝土楼梯的整体性能好，刚度大，有利于抗震，但模板耗费大，施工周期长。板式楼梯通常由梯段板、平台梁和平台板组成。当梯段较宽或楼梯荷载较大时，采用板式梯段往往不经济，须增加梯段斜梁（简称梯梁）以承受板的荷载，并将荷载传给平台梁，这种梯段称梁板式梯段。

2. 预制装配式钢筋混凝土楼梯按其构造方式可分为梁承式、墙承式和墙悬臂式等类型。

【巩固练习】

一、填空题

1. 楼梯按照施工方法不同可分为__________、__________等类型。

2. 现浇钢筋混凝土楼梯按梯段结构形式的不同，有__________和__________两种形式。

3. 现浇整体式梁板楼梯按照踏步与梯梁的关系，有__________和__________之分。

二、选择题（单选）

1. 适用于跨度较大（大于 3 m）房屋的楼梯为（　　）。

A. 板式楼梯　　B. 梁式楼梯

C. 预制楼梯　　D. 现浇楼梯

2. 采用一字形预制踏步板时，楼梯斜梁截面为（　　）。
A. 矩形　　B. L 形
C. 锯齿形　　D. 三角形
3. 关于楼梯的构造说法正确的是（　　）。
A. 单跑楼梯梯段的踏步数一般不超过 15 级
B. 踏步宽度不应小于 280 mm
C. 一个梯段的踏面数与踢面数相等
D. 楼梯各部位的净空高度均不应小于 2 m
4. 用于搁置三角形断面踏步板的梯段斜梁常用（　　）断面形式。
A. 矩形　　B. L 形
C. T 形　　D. 锯齿形
5. 地震烈度为 7 度以上地区不宜用（　　）楼梯。
A. 预制梁板式楼梯　　B. 预制墙承式楼梯
C. 现浇板式楼梯　　D. 预制悬臂踏步楼梯

三、简答题

1. 现浇钢筋混凝土楼梯有哪几种结构形式？各有什么特点？
2. 装配式钢筋混凝土楼梯一般有几种构造做法？各有何特点？

四、分组讨论，各小组按要求完成下列各题

1. 试根据要求对表 6.3 中的建筑物楼梯进行分类。

表 6.3

建筑物名称	按施工方式	按受力形式
教学楼		
实验楼		
宿舍楼		
食堂		
附图一		
附图二		

【任务考核评价】

表 6.4　学习（工作）任务完成情况评价

项目六：楼梯认知　　任务二：钢筋混凝土楼梯构造认知

序号	考评内容	分值	学生自评（20%）	小组评价（30%）	教师评价（50%）	单项内容加权得分
1	知识与技能					
2	过程与方法					
3	态度与合作					
任务得分=∑（单项内容加权得分）						

任务三　楼梯细部构造认知

【任务描述】

通过本任务的学习，学生应能够知道楼梯的细部构造及台阶与坡道的构造。

【学习要点】

1. 楼梯面层常采用水泥砂浆、水磨石等，亦可采用铺缸砖、铺釉面砖或铺大理石板。
2. 栏杆和栏板位于梯段或平台临空一侧，是重要的安全设施，也是装饰性较强的构件。栏杆和扶手组合后应有一定的强度，能够经受住一定的冲击力。
3. 栏杆与踏步的连接方式有锚接、焊接和栓接三种。
4. 室外台阶是建筑出入口处室内外高差之间的交通联系部件。

【巩固练习】

一、填空题

1. 一般室内楼梯栏杆高度不应小于______m。
2. 台阶由______和______组成。
3. 按构造形式不同，台阶可分为______台阶和______台阶。
4. 电梯的建筑部分主要由______、______、______三大部分组成。
5. 坡道坡度大于______应设防滑措施。

二、选择题（单选）

1. 下列有关楼梯构造措施的表述中，(　　) 是正确的。

① 楼梯踏步的踏面应光洁、耐磨、易于清扫

② 水磨石面层的楼梯踏步近踏口处，一般不做防滑处理

③ 楼梯一般由梯段、平台、栏杆（栏板）扶手三部分组成

④ 楼梯梯段净高不应小于 2.2 m，平台处的净高不应小于 2.0 m

A. ①②③④　　B. ①③④

C. ②④　　D. ③④

2. 自动扶梯的坡度一般采用（　　）。

A. 30°　　B. 20°　　C. 45°　　D. 10°

三、简答题

1. 楼梯踏步常有哪些细部构造?
2. 栏杆和梯段如何连接（请绘图表示）?
3. 扶手一般采用哪些材料? 它们与栏杆之间是如何连接的?
4. 扶手在休息平台转弯处的处理方法有哪些?
5. 台阶和坡道在构造上有何要求?
6. 对电梯井道的构造要求应从哪些方面考虑?

四、分组讨论，各小组按要求完成下列各题

1. 参观教学楼的楼梯后，请说说楼梯的踏步面层是否做了防滑处理，如果做了是用什么方式处理的，请绘图说明。
2. 观察教学楼的楼梯后，请绘图说明栏杆与扶手的连接。
3. 用图示例靠墙扶手的安装方法。
4. 识读附图一、附图二，分别绘制各楼梯栏杆的构造详图。
5. 识读附图一、附图二，分别绘制台阶及坡道的做法图。

【任务考核评价】

表 6.5　学习（工作）任务完成情况评价

项目六：楼梯认知　　　　任务三：楼梯细部构造认知

序号	考评内容	分值	学生自评（20%）	小组评价（30%）	教师评价（50%）	单项内容加权得分
1	知识与技能					
2	过程与方法					
3	态度与合作					
任务得分=∑（单项内容加权得分）						

【项目考核评价】

表 6.6　项目完成情况评价

项目六：楼梯认知

任务编号	任　务	得分	权重	项目得分
任务一	判断楼梯类型		0.3	
任务二	钢筋混凝土楼梯构造认知		0.4	
任务三	楼梯细部构造认知		0.3	

项目七 门与窗认知

【主要内容】

本项目主要介绍门窗的类型、特点和构造，特别是平开门和平开窗的构造做法。

【基本要求】

知识目标：

1. 了解门窗的形式与尺度确定。
2. 熟悉常用门窗构造特点。

能力目标：

1. 能判断门窗的类型。
2. 能分清木门窗、金属门窗、塑钢门窗构造的一般做法。
3. 能描述门窗有关尺寸的确定和一般构造。
4. 能识读门窗构造详图。

任务一 门的构造认知

【任务描述】

通过本任务的学习，学生应具有分清不同门的构造形式的能力；能根据选用的门，说出门的构造做法。

【学习要点】

1. 门主要是为室内外和房间之间的交通联系而设，兼顾通风、采光和空间分隔。门通常要求具有保温、隔声、防透风、防漏雨的能力。

2. 按框料材质分，门有木门、铝合金门、塑钢门、彩板门、玻璃钢门、钢门等；按门扇的开启方式分，门有平开门、弹簧门、推拉门、折叠门、转门、卷帘门、升降门等。

3. 平开木门一般由门框、门扇、亮子、五金零件及其附件组成。五金零件一般有铰链插销、门锁、拉手、门碰头等。附件有贴脸板、筒子板等。

【巩固练习】

一、填空题

1. 门的主要功能是__________，有时也兼起________、_________和________的作用。
2. 门按开启方式可分为________________、________________、________________、________________、________________、________________、________________、________________等。
3. 平开木门主要由________________、________________、________________及________________等组成。
4. 门框的安装根据施工方式的不同可分为________________、________________。

二、选择题（单选）

1. 为了减少木门框料靠墙一面因受潮而变形，常在木框背后开（　　）。
   A. 背槽　B. 裁口　C. 积水槽　D. 回风槽
2. 居住建筑中，使用最广泛的木门为（　　）。
   A. 推拉门　B. 弹簧门　C. 转门　D. 平开门

三、简答题

1. 简述门的作用和要求。
2. 确定门的尺寸应考虑哪些因素?常用门扇的类型有哪些?
3. 简述木门及门框和门扇的组成。

四、分组讨论，各小组按要求完成下列各题

1. 根据门的开启方式，判断图 7-1 中各门的类型。

（　　）门

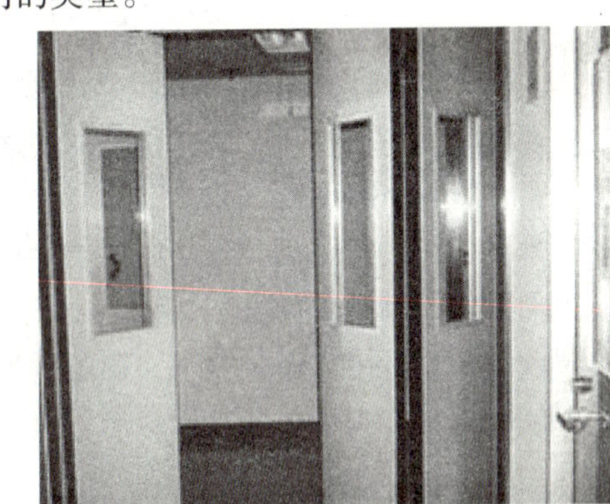
（　　）门

（　　）门

（　　）门

（　　）门

（　　）门

图 7-1　门的类型

2. 识读附图一、附图二，分别确定各门的代号、名称和数量。

【任务考核评价】

表 7.1　学习（工作）任务完成情况评价

项目七：门与窗　　　　任务一：门的构造认知

序号	考评内容	分值	学生自评（20%）	小组评价（30%）	教师评价（50%）	单项内容加权得分
1	知识与技能					
2	过程与方法					
3	态度与合作					
任务得分=∑（单项内容加权得分）						

任务二　窗的构造认知

【任务描述】

通过本任务的学习，学生应具有分清不同窗的构造形式的能力；能根据选用的窗，说出窗的构造做法。

【学习要点】

1. 窗是房屋的重要组成部分。窗的主要功能是采光、通风和观望，它是建筑的围护构件。

2. 窗的形式一般按开启方式定，而窗的开启方式有固定窗、平开窗、上悬窗、中悬窗、下悬窗、立转窗、水平推拉窗、垂直推拉窗等。

3. 木窗主要是由窗框、窗扇、五金件及附件组成，窗五金零件有铰链、风钩、插销等，附件有贴脸板、筒子板、木压条等。

【巩固练习】

一、填空题

1. 窗的主要作用是________、________和________。
2. 木窗主要由________、________、________和________组成。
3. 窗框的安装分________和________两种。
4. 常见的木窗扇由________、________和________榫接而成。

二、选择题

1. 木窗洞口的宽度和高度均采用（　　）mm 的倍数。

A. 600　　B. 300　　C. 100　　D. 50

2. 为了减少木窗框料靠墙一面因受潮而变形，常在木窗框背后开（　　）。

A. 背槽　　B. 裁口　　C. 积水槽　　D. 回风槽

3. 组合式钢门窗是由（　　）组合而成的。

A. 基本窗和窗扇　　B. 基本窗和基本窗

C. 基本窗和拼料　　D. 基本窗和横拼料

4. 铝合金窗产品系列名称是按（　　）来区分的。

A. 窗框长度尺寸　　B. 窗框宽度尺寸

C. 窗框厚度尺寸　　D. 窗框高度尺寸

三、简答题

1. 简述窗的作用和要求。
2. 简述窗按材料分类有哪些?按开关方式分类有哪些?
3. 简述木窗及窗框和窗扇的组成。
4. 确定窗的尺寸应考虑哪些因素?

四、分组讨论，各小组按要求完成下列各题

1. 根据窗的开启方式，判断图 7-2 中各窗的类型。
2. 识读附图一、附图二，分别确定各窗的代号、名称和数量。

（　　）窗

（　　）窗

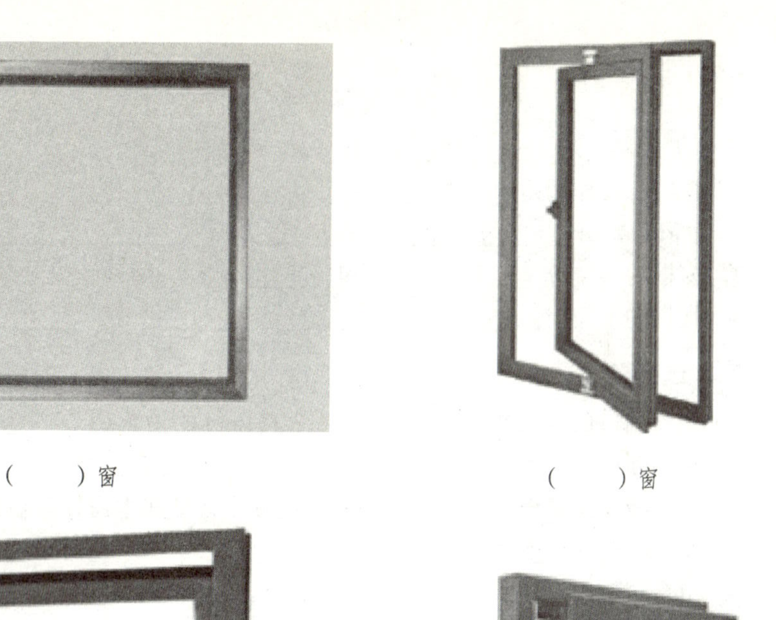

（　　）窗

（　　）窗

（　　）窗

（　　）窗

（　　）窗

（　　）窗

图 7.2　窗的类型

【任务考核评价】

表 7.2　学习（工作）任务完成情况评价

项目七：门与窗认知　　　　任务二：窗的构造认知

序号	考评内容	分值	学生自评（20 %）	小组评价（30 %）	教师评价（50 %）	单项内容加权得分
1	知识与技能					
2	过程与方法					
3	态度与合作					
任务得分=∑（单项内容加权得分）						

【项目考核评价】

表 7.3　项目完成情况评价

项目七：门与窗认知

任务编号	任务	得分	权重	项目得分
任务一	门的构造认知		0.4	
任务二	窗的构造认知		0.6	

项目八　变形缝认知

【主要内容】

本项目主要介绍变形缝的作用与分类、变形缝的构造。

【基本要求】

知识目标：

1. 了解变形缝的概念。
2. 了解变形缝构造。

能力目标：

1. 能够判别变形缝的类型。
2. 能清楚变形缝的作用和分类。
3. 能找到建筑物的变形缝所在位置。

任务一　变形缝构造认知

【任务描述】

通过本任务的学习，学生应能知道变形缝的种类，能够区别其中的不同，能够清楚变形缝的设置位置，能够说出其构造做法。

【学习要点】

1. 变形缝有三种，即伸缩缝、沉降缝和防震缝。

2. 因温度变化而设置的缝隙就称为伸缩缝或温度缝。伸缩缝要求把建筑物的墙体、楼板层、屋顶等地面以上部分全部断开，基础部分受温度变化影响较小，无须断开。

3. 沉降缝是为了预防建筑物各部分由于不均匀沉降引起的破坏而设置的变形缝。

4. 沉降缝与伸缩缝最大的区别在于伸缩缝只需保证建筑物在水平方向的自由伸缩变形，而沉降缝主要应满足建筑物各部分在垂直方向的自由沉降变形，故应将建筑物从基础到屋顶全部断开。

5. 防震缝应与伸缩缝、沉降缝统一布置，并满足防震缝的设计要求。一般情况下，防震缝基础可不分开，但在平面复杂的建筑中，或建筑相邻部分刚度差别很大时，也需将基础分开；按沉降缝要求的防震缝也应将基础分开。

【巩固练习】

一、填空题

1. 变形缝分为____________、____________、____________三种形式。

2. 沉降缝的宽度与地基的性质和建筑物的高度有关，地基越____________，建筑高度越____________，缝宽就越大。

3. ____________从基础以上的墙体、楼板到屋顶全部断开。

二、选择题（单选）

1. 下列关于变形缝的构造措施表述中，（　　）是不正确的。
   A. 当建筑物的长度或宽度超过一定限度时，要设伸缩缝
   B. 当建筑物竖向高度相差悬殊时，应设伸缩缝
   C. 在沉降缝处应将基础以上的墙体、楼板全部分开，基础可不分开
   D. 防震缝可与温度缝合二为一，宽度按抗震缝宽取值

2. 伸缩缝是为了预防（　　）对建筑物的不利影响而设置的。
   A. 地基不均匀沉降　　B. 地震作用
   C. 温度变化　　D. 结构各部分的刚度变化较大

三、名词解释

变形缝　　温度缝　　沉降缝　　防震缝

四、分组讨论，各小组按要求完成下列各题

1. 请分别说明伸缩缝、沉降缝、防震缝的作用、适用范围和构造特点。

2. 观察校园内建筑物，它们设有变形缝吗？这些变形缝各起到什么作用？盖缝处是如何处理的？请选择一处用图示表示。

3. 在什么情况下建筑物需要设伸缩缝？设置伸缩缝的要求是什么？缝宽一般是多少？

【任务考核评价】

表 8.1　学习（工作）任务完成情况评价

项目八：变形缝认知　　　　任务一：变形缝构造认知

序号	考评内容	分值	学生自评（20%）	小组评价（30%）	教师评价（50%）	单项内容加权得分
1	知识与技能					
2	过程与方法					
3	态度与合作					
任务得分=∑（单项内容加权得分）						

【项目考核评价】

表 8.2　项目完成情况评价

项目八：变形缝认知

任务编号	任务	得分	权重	项目得分
任务一	变形缝构造认知		1	

项目九　工业建筑认知

【主要内容】

本项目主要介绍工业建筑的特点、单层厂房的起重设备、单层厂房的类型及组成，轻型门式刚架的组成及屋面、墙体构造。

【基本要求】

知识目标：

1. 了解工业建筑的特点与分类。
2. 了解单层工业厂房的组成。
3. 了解单层厂房的结构构件。
4. 了解轻型门式刚架厂房的组成及特点。

能力目标：

1. 能区分工业建筑的类型。
2. 能描述单层工业厂房的结构类型及主要组成部分。
3. 能了解厂房高度的确定方法。
4. 能了解轻型门式刚架厂房的组成及特点。
5. 能够识读简单工业厂房的图纸。

任务一　判断工业建筑的类型

【任务描述】

通过本任务的学习，学生应能够区分工业建筑的类型，能够描述单层工业厂房的结构类型及主要组成部分。

【学习要点】

1. 工业建筑是指从事各类工业生产及直接为生产服务的房屋，是工业建设必不可少的物质基础。从事工业生产的房屋主要包括生产厂房、辅助生产用厂房以及为生产提供动力的房屋，这些房屋往往称为“厂房”或 “车间”。

2. 工业建筑按厂房的用途可分为主要生产厂房、辅助生产厂房、动力用厂房、储藏用建筑、运输用建筑；按生产状况可分为热加工车间、冷加工车间、恒温恒湿车间、洁净车间；按厂房层数可分为单层厂房、多层厂房、混合层数厂房。

3. 工业建筑的特点：（1）满足生产工艺的要求；（2）内部有较大的空间；（3）厂房骨架

的承载力较大；（4）厂房的建筑构造比较复杂。

4. 为了满足在生产过程中运送原料、成品和半成品，以及安装、检修设备的需要，在厂房内部一般需设置适当起重设备。常见的吊车有以下几种：（1）单轨悬挂式起重机；（2）梁式吊车；（3）桥式吊车。

5. 单层工业厂房结构按其承重结构的材料分为砖墙承重结构、钢筋混凝土结构和钢结构等类型；按其主要承重结构形式分为墙承重结构、骨架承重结构（装配式钢筋混凝土排架结构、钢排架结构、刚架结构）两种。

6. 我国单层工业厂房一般采用的结构体系是装配式钢筋混凝土排架结构体系。其一般由承重构件（屋面结构、柱子、基础、吊车梁、墙梁、基础梁、支撑系统、抗风柱等）和围护构件（屋面、外墙、门窗、地面等）两大部分组成。

7. 厂房的定位轴线是确定厂房主要构件的位置及其标志尺寸的基线，同时也是设备定位、安装及厂房施工放线的依据。厂房定位轴线的划分是在柱网的基础上进行的，与柱网布置一致。柱子纵向定位轴线间的距离称为跨度，横向定位轴线的距离称为柱距。当厂房跨度不超过 18 m 时，应采用扩大模数 30 M 数列（即 9 m、12 m、15 m、18 m），超过 18 m 适应采用扩大模数 60 M 数列（即 24 m、30 m、36 m）；厂房的柱距应采用扩大模数 60 M（常用 6 m，也可采用 12 m）数列，山墙处抗风柱柱距应采用扩大模数 15 M 数列（即 4.5 m、6 m）。

8. 厂房高度指地面至屋架（屋面梁）下表面的高度，即柱顶与地面之间的高度。

【巩固练习】

一、填空题

1. 工业建筑通常按厂房的____________、____________和____________进行分类。

2. 工业建筑按厂房的用途可分为____________________、____________________、____________________、____________________、____________________。

3. 工业建筑按生产状况可分为____________________、____________________、____________________、____________________。

4. 工业建筑按厂房层数可分为____________________、____________________、____________________。

5. 工业建筑的特点是____________________、____________________、____________________、____________________。

6. 我国单层工业厂房一般采用的结构体系是装配式钢筋混凝土排架结构。这种体系由____________和____________两大部分组成。

7. 梁式起重机包括____________和____________两类。

8. 桥式起重机是由____________和____________（或称____________）组成的。

9. 柱子纵向定位轴线间的距离称为__________________，横向定位轴线间的距离称为__________________。

10. 目前屋盖结构形式大致可分为__________________和__________________两种。

11. 厂房室内地面指支承起重机梁的牛腿面的高度，应为 3 M 数列。当超过__________m 时，宜采用 6 M 数列。

12. 厂房室内地面距离室外地面应不少于__________________的高差，以防止雨水流入室内，但也不应超过 200 mm，为运输方便常采用__________________。

二、选择题（单选）

1. 桥式起重机起质量为（　　）t 甚至更大，适用于大跨度的厂房。
   A. 1.5　B. 2.5　C. 3.5　D. 4.5

2. 厂房为了避免影响开门及满足防潮要求，基础梁顶面标高至少应低于室内地坪标高（　　）mm，比室外标高至少高 100 mm。
   A. 10　B. 30　C. 50　D. 60

3. 当厂房全部或局部柱距为（　　）m 或以上，而屋架间距仍保持 6 m 时，需在（　　）m 柱距间设置托架来支承中间屋架。
   A. 6　B. 12　C. 18　D. 24

4. 厂房室内地面至柱顶高度应为扩大模数（　　）M 数列。
   A. 3　B. 6　C. 9　D.12

5. 单层厂房一般用于（　　）等工业部门。
   A. 食品　B. 冶金　C. 轻工　D. 电子

6. 单层工业厂房多数采用（　　）结构。
   A. 墙承重式　B. 框架结构
   C. 空间结构　D. 排架结构

7. 厂房高度是指（　　）。
   A. 室内地面至屋面　B. 室外地面至柱顶
   C. 室内地面至柱顶　D. 室外地面至屋面

8. 重型机械制造工业主要采用（　　）。
   A. 单层厂房　B. 多层厂房
   C. 混合层次厂房　D. 高层厂房

9. 单层厂房的横向定位轴线是（　　）的定位轴线。
   A. 平行于屋架　B. 垂直于屋架

10. 单层厂房的纵向定位轴线是（　　）的定位轴线。
   A. 平行于屋架　B. 垂直于屋架

11. 单层厂房的山墙抗风柱距采用（　　）数列。
   A. 3M　B. 6M
   C. 30M　D. 15M

12. 我国单层厂房主要采用钢筋混凝土排架结构体系，其基本柱距是（　　）m。
   A. 3　B. 4
   C. 6　D. 9

三、作图题

在图 9-1 中，填写单层厂房建筑构件和配件的名称。

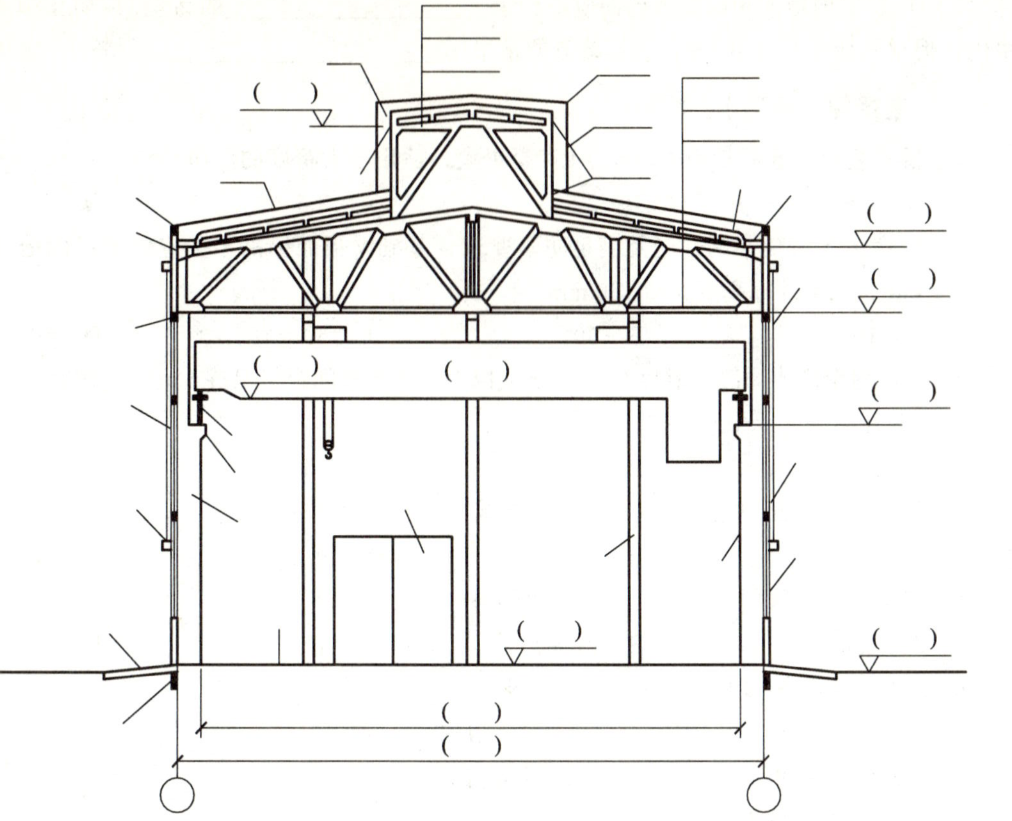

图 9-1 单层厂房构件和配件

四、分组讨论，各小组按要求完成下列各题

1. 工业厂房建筑的特点是什么？一般有哪几种分类方式？
2. 厂房内部常见的起重设备有哪些？
3. 单层工业建筑主要由哪几部分组成？各组成部分由哪些构件组成？它们的作用是什么？
4. 什么是单层厂房的高度？

【任务考核评价】

表 9.1 学习（工作）任务完成情况评价

项目九：工业建筑认知　　　　任务一：判断工业建筑的类型

序号	考评内容	分值	学生自评（20 %）	小组评价（30 %）	教师评价（50 %）	单项内容加权得分
1	知识与技能					
2	过程与方法					
3	态度与合作					
任务得分=∑（单项内容加权得分）						

任务二 认识轻型门式刚架厂房

【任务描述】

通过本任务的学习，学生应能够了解轻型门式刚架厂房的组成及特点，并对屋面及墙面的材料及构造能有所了解。

【学习要点】

1.（轻型）门式刚架是对轻型房屋钢结构门式刚架的简称，近年来，（轻型）门式刚架在我国快速发展，给钢结构注入了新的活力。

2.（轻型）门式刚架结构与普通屋架结构相比，可减小梁、柱和基础截面尺寸，有效地利用建筑空间，从而降低房屋的高度，减小建筑体积，在建筑造型上也比较简洁美观。另外，刚架构件的刚度较好，为制造、运输、安装提供了便利，其工业化程度高，施工速度快，用于中、小跨度的工业房屋或较大跨度的公共建筑，都能达到较好的经济效果。

3. 门式刚架通常用于跨度为 9～36 m、柱距为 6 m、柱高为 4.5～9 m，设有起质量较小的悬挂吊车的单层工业房屋或公共建筑。设置桥式吊车时，起质量不大于 20 t，属于 A1～A5 中、轻级工作制吊车；设置悬挂吊车时，起质量不大于 3 t。

4. 门式刚架结构形式：门式刚架是梁柱单元构件的组合体，其形式种类多样，可分为单跨、双跨、多跨刚架以及带挑檐和带毗屋的刚架形式。

5. 门式刚架厂房组成：主结构——刚架、吊车梁；次结构——檩条、墙架柱（及抗风柱），墙梁；支撑结构——屋盖支撑、柱间支撑、系杆；围护结构——屋面（屋面板、采光板、通风器等）、墙面（墙板、门、窗）。

6. 门式刚架厂房外墙多采用压型钢板，构造力求简单、施工方便、与墙梁连接可靠，转角与细部构造应有足够的搭接长度，以保证防水效果。压型钢板按材料的热工性能不同，可分为非保温的单层压型钢板和保温复合型钢板。非保温的单层压型钢板目前使用较多的为彩色涂层镀锌钢板，具有较高的耐温性和耐腐蚀性。保温复合式压型钢板通常做法有两种：①施工时在内外两层钢板中填充板状保温材料；②利用成品材料（工厂生产的具有保温性能的墙板）直接施工安装，其材料是在两层压型钢板中填充发泡型材料，利用保温材料自身凝固使两层压型钢板结合在一起形成复合式保温外墙板。

7. 门式刚架厂房采用压型钢板有檩体系屋面，即在钢架斜梁上设置 C 形或 Z 形冷轧薄壁型钢檩条，再铺设压型钢板屋面。

【巩固练习】

一、填空题

1. 门式刚架常用跨度为________m，柱距为________m，柱顶标高为________m。
2. 门式刚架设悬挂吊车时，起重量不大于________t；设置桥式吊车时，起重量不大于________t。

3. 门式刚架是____________单元构件的组合体。

4. 门式刚架由____________、____________、____________、____________组成。

5. 门式刚架厂房外墙一般采用压型钢板，压型钢板按材料的热工性能不同，可分为____________和______________。

6. 门式刚架的屋盖体系一般是采用________________________________。

二、简答题

1. 简述轻型门式刚架的特点及适用范围。
2. 轻型门式刚架厂房的屋面及墙面材料常用哪种？
3. 试分别绘图说明采用压型钢板的屋面以及墙面构造。

三、参观附近工业厂房，各小组按要求完成下列各题

1. 你所参观的工厂名称是什么？试分别根据厂房的用途、生产状况以及厂房层数等判别厂房的类型。
2. 该厂房的跨度和柱距分别为多少？
3. 该厂房是否设置吊车？起质量是多少？属于哪类吊车？吊车梁的截面形式是哪种？
4. 该厂房的屋盖结构属于有檩屋盖体系还是无檩屋盖体系？其屋面板采用的是哪种？其排水方式是有组织排水还是无组织排水？
5. 该厂房的结构形式属于哪一类？
6. 该厂房设置了哪些支撑？
7. 该厂房是否设置了天窗？天窗是什么类型？
8. 该厂房采用的屋架形式是哪种（材料与外形）？
9. 该厂房的墙面材料是哪种？
10. 该厂房的室内外高差是多少？

【任务考核评价】

表 9.2 学习（工作）任务完成情况评价

项目九：工业建筑认知　　　　任务二：认识轻型门式刚架厂房

序号	考评内容	分值	学生自评（20%）	小组评价（30%）	教师评价（50%）	单项内容加权得分
1	知识与技能					
2	过程与方法					
3	态度与合作					
任务得分=∑（单项内容加权得分）						

【项目考核评价】

表 9.3 项目完成情况评价

项目九：工业建筑认知

任务编号	任　务	得　分	权　重	项目得分
任务一	判断工业建筑的类型		0.5	
任务二	认识轻型门式刚架结构		0.5	

模拟试题一

一、单项选择题（每小题 2 分，共 20 分）

1. 民用建筑包括居住建筑和公共建筑，其中（　　）属于居住建筑。

A. 托儿所　　B. 宾馆
C. 公寓　　D. 疗养院

2. 为增强建筑物的整体刚度可采取（　　）等措施。

A. 构造柱　　B. 变形缝
C. 预制板　　D. 圈梁

3. 当地下水位很高，基础不能埋在地下水位以上时，应将基础底面埋置在（　　）下，从而减少和避免地下水的浮力和影响等。

A. 最高水位 200mm　　B. 最低水位 200mm
C. 最高水位 500mm　　D. 最高和最低水位之间

4.（　　）施工方便，但易结露、易起尘、导热系数大。

A. 现浇水磨石地面　　B. 水泥地面
C. 木地面　　D. 预制水磨石地面

5. 当门窗洞口上部有集中荷载作用时，其过梁可选用（　　）。

A. 平拱砖过梁　　B. 弧拱砖过梁
C. 钢筋砖过梁　　D. 钢筋混凝土过梁

6. 屋顶是建筑物最上面起维护和承重作用的构件，屋顶构造设计的核心是（　　）。

A. 承重　　B. 保温隔热
C. 防水和排水　　D. 隔声和防火

7. 抹灰装修层中，底层抹灰的作用是（　　）。

A. 结合　　B. 找平
C. 美观　　D. 防水

8. 建筑的三要素中（　　）是建筑的目的，起主导作用。

A. 建筑功能　　B. 建筑的物质技术条件
C. 建筑形象　　D. 建筑的经济性

9. 建筑是建筑物和构筑物的统称，（　　）属于建筑物。

A. 电塔　　B. 堤坝
C. 桥梁　　D. 工厂、学校

10. 为了减少木窗框料靠墙一面因潮而变形，常在木框背后开（　　）。

A. 回风槽　　B. 集水槽
C. 裁口　　D. 背槽

二、填空题（每空 2 分，共 30 分）

1. 建筑物的耐火等级是由构件的两个方面来决定的，共分________级。

2. 窗框的安装方法有________和________两种。

3. 平屋顶泛水构造中，泛水高度应为________。

4. 当墙身两侧室内地面标高有高差时，为避免墙身受潮，常在室内地面处设________，并在靠土的垂直墙面设________。

5. 钢筋混凝土圈梁的宽度宜与________相同，高度不小于________。

6. 现浇梁板式楼板布置中，主梁应沿房间的________方向布置，次梁垂直于________方向布置。

7. 预制钢筋混凝土楼板的搁置应避免出现________支承情况，即板的纵长边不得伸入砖墙内。

8. 楼梯的净高在平台处不应小于________，在梯段处不应小于________。

9. 在预制踏步梁承式楼梯中，三角形踏步一般搁置在________形梯梁上，L 形和一字形踏步应搁置在________形梯梁上。

10. 伸缩缝的缝宽一般为________；沉降缝的缝宽为________；防震缝的缝宽一般取________。

11. 轻型门式刚架可由________、________、________、________四大部分组成。

12. 轻型门式刚架常用________________作墙体和屋面。

13. 单层工业厂房按其主要承重结构的形式不同可分为________、________两种。

14. 平屋顶一般由________、________、________、________四部分组成。

15. 阳台按受力方式可分为________、________、________三种。

三、简答题（每小题 6 分，共 30 分）

1. 平开木窗的防水薄弱环节在什么位置？如何处理？

2. 简述工业建筑的特点。

3. 抹灰类墙面装修中，抹灰层的组成、作用和厚度是什么？

4. 刚性防水屋面为什么要设置分格缝？通常在哪些部位设置分格缝？

5. 简述现浇板式楼梯的特点。

四、绘图题（20 分）

请分别绘制刚性防水屋面和卷材防水屋面的女儿墙泛水图。

模拟试题二

一、单项选择题（每小题 2 分，共 20 分）

1. 建筑物的耐久等级为二级时其耐久年限为（　　）年，适用于一般性建筑。

A. 50 ~ 100　　B. 80 ~ 150

C. 25 ~ 50　　D. 15 ~ 25

2. 商店、仓库及书库等荷载较大的建筑，一般宜布置成（　　）楼板。

A. 板式　　B. 梁板式

C. 井式　　D. 无梁

3. 水磨石一般可用于（　　）部位的装修。

A. 楼地面　　B. 墙裙

C. 贴面顶棚　　D. 勒脚

4. 圈梁遇洞口中断，所设的附加圈梁与原圈梁的搭接长度应满足（　　）。

A. ≤$2h$ 且≤1 000 mm　　B. ≤$4h$ 且≤1 500 mm

C. ≥$2h$ 且≥1 000 mm　　D. ≥$4h$ 且≥1 500 mm

注：h 为原圈梁和附加圈梁的高差。

5. 预制钢筋混凝土梁搁置在墙上时，常需在梁与砌体间设置混凝土或钢筋混凝土垫块，其目的是（　　）。

A. 简化施工　　B. 扩大传力面积

C. 增大室内净高　　D. 减少梁内配筋

6. 为了减少木窗框料靠墙一面因受潮而变形，常在木框背后开（　　）。

A. 回风槽　　B. 积水槽

C. 裁口　　D. 背槽

7. 以下属于大量性建筑的是（　　）。

A. 教学楼　　B. 住宅楼

C. 医院　　D. 宾馆

8. 工业厂房的常用柱距是（　　）。

A. 12m　　B. 5m

C. 6m　　D. 9m

9. 现浇钢筋混凝土楼板的特点在于（　　）。

A. 施工简便　　B. 工期短

C. 整体性　　D. 不需湿作业

10. 混凝土刚性防水屋面中，为减少结构变形对防水层的不利影响，常在防水层与结构层之间设置（　　）。

A. 隔热层　　B. 隔声层

C. 隔蒸汽层　　D. 隔离层

二、填空题（每空 1 分，共 30 分）

1.《建筑模数协调统一标准》（GBJ 2—1986）中规定，基本模数以________表示，数值为________。

2. 地基土质均匀时，基础应尽量________，但最小埋深应不小于 500 mm。

3. 门的主要作用是________，兼采光和通风。窗的主要作用是采光、通风和________。

4. 钢筋混凝土楼板按施工方式不同分为________、________和装配整体式楼板三种。

5. 预制构件混凝土楼板的支承方式有________、________两种。

6. 平屋顶排水坡度的形成方法有________、________两种。

7. 栏杆与梯段的连接方法主要有________、________和________三种。

8. 平屋顶的隔热通常有通风隔热、________、________和反射降温等处理方式。

9. 最常见的木门开启方式为________。

10. 装配式钢筋混凝土楼梯的支承方式有________、________和悬挑式三种。

11. 建筑标高是指____。

12. 进深是指____。

13. 变形缝有__________、__________和__________三种。

14. 吊顶主要由三个部分组成，即__________、__________和__________。

15. 屋面的排水方式有________________和________________两种。

三、简答题（每小题 6 分，共 30 分）

1. 什么是建筑？

2. 简述刚性防水屋面的概念及其优缺点。

3. 简述内墙装修的常用做法。

4. 当楼梯底层中间平台下做通道而平台净高不满足要求时，常采取哪些方法解决？

5. 单层工业厂房由哪些构件组成？起什么作用？

四、绘图题（每小题 10 分，共 20 分）

1. 绘图说明外窗台构造要点。

2. 绘图示意不上人平屋顶的伸缩缝构造。

模拟试题三

一、选择题（每小题 2 分，共 20 分）

1. 耐火等级为二级时楼板和吊顶的耐火极限应满足（　　）h。

A. 1.50，0.25　　B. 1.00，0.25

C. 1.50，0.15　　D. 1.00，0.15

2. 当地下水位很高，基础不能埋在地下水位以上时，应将基础底面埋置在（　　）以下，从而减少和避免地下水的浮力和影响等。

A. 最高水位 200 mm　　B. 最低水位 200 mm

C. 最低水位 500 mm　　D. 最高与最低水位之间

3. 墙身水平防潮层的位置应设在（　　）。

A. 与室外地面平齐　　B. 室内地面以下-0.06 m 处

C. 与室内地面平齐　　D. 高于室内地面面层

4. 墙体设计中，构造柱的最小尺寸为（　　）。

A. 150 mm×180 mm　　B. 180 mm×240 mm

C. 240 mm×240 mm　　D. 370 mm×370 mm

5. 首层地面垫层为柔性垫层（如砂垫层、炉渣垫层或灰土层）时，可用于支承（　　）面层材料。

A. 瓷砖　　B. 硬木拼花板

C. 水泥砖或预制混凝土块　　D. 马赛克

6. 一般情况下，坡道坡度大于（　　）时，坡面要做齿槽防滑。

A. 1∶5　　B. 1∶6

C. 1∶8　　D. 1∶10

7. 混凝土刚性防水屋面的防水层应采用不低于（　　）级的细石混凝土整体现浇。

A. C15　　B. C20

C. C25　　D. C30

8. 屋顶的坡度形成中材料找坡是指（　　）来形成。

A. 利用预制板的搁置　　B. 利用结构层

C. 利用油毡的厚度　　D. 选用轻质材料

9. 金属加工车间属于（　　）。

A. 洁净车间　　B. 冷加工车间

C. 热加工车间　　D. 恒温恒湿车间

10. 柱网的选择，实际上是（　　）。

A. 确定柱距　　B. 确定定位轴线

C. 确定跨度　　D. 确定柱距与跨度

二、填空题（每小空 2 分，共 30 分）

1. 住宅建筑按层数划分，其中__________层为多层，__________层以上为高层。

2. 当墙身两侧室内地面标高有高差时，为避免墙身受潮，常在室内地面处设__________，并在靠土的垂直墙面设__________。

3. 吊顶主要由三个部分组成，即__________、__________和__________。

4. 平屋顶泛水构造中，泛水高度应为__________ mm。

5. 现浇钢筋混凝土楼梯按梯段的形式不同，有__________和__________两种类型。当梯段跨度不大、荷载较小时，选用__________楼梯。

6. 窗框的安装方法有__________和__________两种。

7. 勒脚是指____________________。

8. 无梁楼板是指____________________。

9. 层高是指__________到__________的垂直距离。

10. 幕墙按所采用的饰面材料通常有__________、__________、__________、__________和__________。

11. 震中是指____________________。

12. 结构标高是指____________________。

13. 墙身水平防潮层的做法有__________、__________和__________。

14. 过梁的种类有__________、__________和__________。

15. 构造柱处的墙体宜砌成“马牙槎”，并沿墙高每隔__________mm 设 2ϕ6 拉结钢筋，每边伸入墙内不少于__________ mm。

三、简答题（共 30 分）

1. 简述装配式楼板的板缝处理方式。

2. 基础按构造形式不同分为哪几种？各自的适用范围如何？

3. 勒脚的作用是什么？常用的材料做法有哪几种？

4. 什么叫有组织排水？简述其优缺点及适用范围。

5. 工业厂房建筑的特点是什么？一般有哪几种分类方式？

四、绘图题（20 分）

试绘制毛石基础外墙脚构造详图。（已知基础宽为 1 200 mm，基础埋深 1 m，基础墙宽 370 mm，室内外高差 450 mm。要求有基础大样、水平防潮层、勒脚构造）

模拟试题四

一、单项选择题（每小题 2 分，共 20 分）

1. 当上部荷载很大、地基比较软弱或地下水位较高时，常采用（　　）基础。

A. 条形　　B. 独立
C. 筏形　　D. 箱形

2. 可能产生不均匀沉降的建筑物或门窗洞口尺寸较大时，应采用（　　）过梁。

A. 砖砌平拱　　B. 砖砌弧拱
C. 钢筋砖　　D. 钢筋混凝土

3. 屋顶的坡度形成中结构找坡是指（　　）找坡。

A. 利用预制板的搁置　　B. 选用轻质材料
C. 利用油毡的厚度　　D. 利用结构层

4. 现浇水磨石地面常嵌固分格条（玻璃条、铜条等），其目的是（　　）。

A. 防止面层开裂　　B. 便于磨光
C. 面层不起灰　　D. 增添美观

5. 混凝土刚性防水屋面中，为减少结构变形对防水层的不利影响，常在防水层与结构层之间设置（　　）。

A. 隔蒸汽层　　B. 隔离层
C. 隔热层　　D. 隔声层

6. 门式刚架外墙多采用（　　）。

A. 砖砌体　　B. 砌块砌体
C. 压型钢板　　D. 石砌体

7. 钢筋混凝土构造柱的作用是（　　）。

A. 使墙角挺直　　B. 加快施工速度
C. 增加建筑物刚度　　D. 可按框架结构考虑

8. 楼梯的坡度范围在（　　）。

A. 25° ~ 45°　　B. 15° ~ 40°
C. 25° ~ 50°　　D. 35° ~ 45°

9. 承重柱下常采用（　　）为主要柱基形式。

A. 独立基础　　B. 条形基础
C. 片筏基础　　D. 箱形基础

10. 屋面分仓缝常用的密封材料为（　　）。

A. 水泥砂浆　　B. 油膏
C. 细石混凝土　　D. 防水砂浆

二、填空题（每空 2 分，共 30 分）

1. 公共建筑及综合性建筑总高度超过__________m 者为高层；高度超过__________m 时，为超高层建筑。

2. 根据规范规定，凡跨度不大于 18 m 时，采用的倍数为________；大于 18 m 时应符合________的倍数。

3. 当屋面设挑檐时，散水宽度应________________。

4. 开间是指____的距离。

5. 建筑是一个统称，它包括________和________。

6. ________是沿外墙、内纵承重墙和部分横墙设置的连续封闭式的梁。其作用是增强建筑物的空间刚度和整体性。

7. 单层厂房常用的起重设备有________、________和________。

8. 压型钢板组合楼板是以衬板的形式作为混凝土的________，同时又是施工的台板。

9. 刚性防水屋面对________和温度变化比较敏感，会引起刚性防水层开裂。

10. 一般建筑物的设计使用年限为________年。

11. 电梯按使用性质可分为________、________和________。

12. 基础的埋深是指____。

13. 常见地面按材料的不同，可分为________________、________________、________________、________________等四类。

14. 顶棚按饰面与基层的关系可分为________________与________________两大类。

15. 根据雨篷板的支承方式不同，有________________和________________两种。

三、简答题（每小题 6 分，共 30 分）

1. 基础按构造形式不同分为哪能几种？各自的适用范围如何？
2. 混凝土刚性防水屋面中，设置隔离层的目的是什么？
3. 地下室由哪些部分组成？
4. 简述轻型门式刚架的特点及适用范围。
5. 平屋面防水一般有几种防水方案？各有何特点？

四、绘图题（20 分）

绘制刚性防水屋面自由落水挑檐和檐沟构造详图。

模拟试题五

一、单项选择题（每小题 2 分，共 20 分）

1. 建筑物的耐久等级为二级时，其耐久年限为（　　）年，适用于一般性建筑。

   A. 50～100　　B. 80～150

   C. 25～50　　D. 15～25

2. 圈梁遇洞口中断，所设的附加圈梁与原圈梁的搭接长度应满足（　　）。

   A. ≤2h 且≤1 000 mm　　B. ≤4h 且≤1 500 mm

   C. ≥2h 且≥1 000 mm　　D. ≥4h 且≥1 500 mm

3. 建筑是建筑物和构筑物的统称，（　　）属于建筑物。

   A. 住宅、堤坝等　　B. 学校、电塔等

   C. 工厂、水塔等　　D. 工厂、展览馆等

4. 建筑的构成三要素中，（　　）是建筑的目的，起着主导作用。

   A. 建筑功能　　B. 建筑的物质技术条件

   C. 建筑形象　　D. 建筑的经济性

5. 地下室墙面采用自防水的做法是（　　）。

   A. 涂沥青两遍　　B. 设置多道水平防水层

   C. 外贴防水卷材　　D. 外墙采用防水混凝土

6. 柱网的选择，实际上是（　　）。

   A. 确定跨度　　B. 确定柱距

   C. 确定定位轴线　　D. 确定跨度和柱距

7. 商店、仓库及书库等荷载较大的建筑，一般宜布置成（　　）楼板。

   A. 板式　　B. 梁式

   C. 无梁　　D. 井式

8. 考虑建筑的防火及安全疏散，可采用的楼电梯类型有（　　）。

   A. 双跑梯、剪刀梯、螺旋楼梯、自动扶梯

   B. 悬臂梯、双跑梯、弧形楼梯、封装电梯

   C. 防烟楼梯、封闭电梯、消防电梯、螺旋楼梯

   D. 双跑梯、剪刀梯、封闭楼梯、弧形楼梯

9. 为了使外墙具有足够的保温能力，应选用（　　）的材料砌筑。

   A. 角度高　　B. 密度大

   C. 导热系数小　　D. 导热系数大

10. 阳台栏杆的垂直杆件间净距不应大于（　　）mm。

   A. 110　　B. 120

   C. 130　　D. 150

二、填空题（每小题 2 分，共 30 分）

1. 开间是指________________的距离。

2. 房间的净高是指________到________的垂直距离。

3. 抹灰装修层一般由________、________、________三个层次组成。

4. 圈梁的作用是________________。

5. 阳台按其与外墙的相对位置不同分为________、________、________和转角阳台等。

6. 楼梯平台的主要作用是________和________。

7. 墙承重时，墙下基础形式一般为________________。

8. 单层厂房的结构类型主要为________________。

9. 轻型门式刚架可由________、________、________、________四大部分组成。

10. 在民用建筑中，最常见的结构形式除砖混结构外为________结构。

11. 建筑物的耐火等级标准主要根据房屋的主要构件的________和它的耐火极限来确定。

12. 建筑物按使用功能分为________、________、________三大类。

13. 钢筋混凝土楼板按施工方式可分为________、________和装配整体式楼板三种。

14. 基础的埋置深度除与________、________、________等因素有关外，还需考虑周围环境与具体工程特点。

15. 变形缝主要有________、________、________三种。

三、简答题（每小题 6 分，共 30 分）

1. 砖墙墙脚处水平防潮层有哪几种？各有何特点？

2. 勒脚的作用是什么？常用的材料做法有哪几种？

3. 什么叫有组织排水？简述其优缺点及适用范围。

4. 建筑包含了哪三个基本要素？

5. 简述现浇板式楼梯的特点。

四、绘图题（每小题 10 分，共 20 分）

1. 用图示例混凝土散水、砖砌散水、寒冷地区散水的三种做法。

2. 试绘制刚性防水屋面的基本构造层次，并绘出其上横向分格缝的节点构造。

附表 “房屋构造”课程学生成绩评价表

项目编号	项目名称	项目得分	权重	项目权重得分	平时成绩=Σ（项目权重得分）	考核成绩
一	房屋构造基本知识认知		0.10			
二	基础与地下室认知		0.10			
三	墙体认知		0.15			
四	楼地层认知		0.15			
五	屋顶认知		0.15			
六	楼梯认知		0.15			
七	门与窗认知		0.05			
八	变形缝认知		0.05			
九	工业建筑认知		0.10			
课程得分=平时成绩×权重（60%）+考核成绩×权重（40 %）						

参 考 文 献

[1] 钱坤，吴歌．房屋建筑学（下：工业建筑）．北京：北京大学出版社，2009.
[2] 尚久明．建筑识图与房屋构造．2 版．北京：电子工业出版社，2010.
[3] 吕淑珍．建筑识图与构造．北京：人民交通出版社，2011.
[4] 朱缨．建筑识图与构造．北京：人民交通出版社，2010.
[5] 程显风，郑朝灿．建筑构造与制图．北京：机械工业出版社，2011.
[6] 唐洁．建筑构造．北京：电子工业出版社，2013.
[7] 王丽红．建筑构造．北京：水利水电出版社，2011.
[8] 饶宜平．建筑构造．北京：机械工业出版社，2010.
[9] 程晓明．房屋建筑学．北京：中国科学技术大学出版社，2012.
[10] 邢燕雯，宿晓萍．民用建筑构造．北京：机械工业出版社，2011.
[11] 童霞，原筱丽．房屋建筑构造．武汉：武汉理工大学出版社，2012.
[12] 安巧霞．房屋建筑学习题集及实训指导书．北京：中国水利水电出版社，2011.
[13] 公安部．GB 50016—2006 建筑设计防火规范．北京：中国计划出版社，2006.
[14] 住房和城乡建设部．GB 50003—2011 砌体结构设计规范．北京：中国建筑工业出版社，2011.

附 图 一
X X 商住楼施工图

（1）建筑施工图

建筑施工图目录

序号	图号	图纸名称	图幅	备注
1	建施00	图纸目录	A3	
2	建施01	建筑设计总说明(一)	A3	
3	建施02	建筑设计总说明(二)	A3	
4	建施03	总平面图	A3	
5	建施04	地下室平面图	A3	
6	建施05	底层平面图	A3	
7	建施06	二层平面图	A3	
8	建施07	标准层平面图	A3	
9	建施08	顶层平面图	A3	
10	建施09	屋顶平面图	A3	
11	建施10	南立面图	A3	
12	建施11	北立面图	A3	
13	建施12	西立面图 1-1剖面图	A3	
14	建施13	地下室楼梯平面图 底层楼梯平面图	A3	
15	建施14	二层楼梯平面图 标准层楼梯平面图	A3	
16	建施15	顶层楼梯平面图 雨篷详图	A3	
17	建施16	楼梯间剖面图	A3	
18	建施17	卫生间平面布置图 厨房平面布置图 采光井平面图 地下室采光井断面构造 散水构造 地下室防水构造 室外台阶构造	A3	
19	建施18	墙身详图 檐口构造 露台构造	A3	

××市建筑设计研究院	审定		工程总负责人		校对		工程名称	××商住楼	阶段	施工图	工程号	
	总师		项目负责人		设计		图名	图纸目录	专业	建筑	图号	建施00
	审核		专业负责人		制图				比例		日期	2011.3

建 筑 设 计 总 说 明

建筑	电气
结构	暖通
给水	其他

一、项目概况

1. 本工程为××市××商住楼。建筑地点××市××路。
2. 本工程建筑占地面积202.77m²。总建筑面积1137.39m²。
3. 建筑层数五层，建筑高度16.600m。
4. 建筑结构形式为框架结构，民用建筑工程设计等级二级，设计使用年限为50年，抗震设防烈度小于6度。
5. 建筑物耐火等级为二级。
6. 屋面防水等级为Ⅲ级。

二、设计依据

1. 经批准的本工程方案及初步设计文件、建设方的意见。
2. 现行国家有关建筑设计规范、规程和规定：

(1)《民用建筑设计通则》(GB 50352)。

(2)《建筑设计防火规范》(GB 50016)。

(3)《中华人民共和国工程建设标准强制性条文》(房屋建筑工程部分)(2009年版)。

(4)《商店建筑设计规范》(JGJ 48)。

(5)《住宅设计规范》(GB 50096)。

(6)其他国家行业及地方的现行有关法律法规等。

三、标高及尺寸

1. 本工程±0.000相对应黄海标高由规划部门定，室内外高差详见底层平面图。
2. 各层标注标高为完成面标高(建筑面标高)，屋面标高为结构面标高。
3. 本工程标高及总平面尺寸以米(m)为单位。其他尺寸以毫米(mm)为单位。图中细部节点以详图为准，比例与尺寸以尺寸为准。

四、工程做法

1. 地下室工程

(1)地下室底板及侧墙均采用钢筋混凝土墙体。

(2)地下室底板及侧墙防水做法详见地下室防水构造图。

2. 墙体工程

(1)墙体材料：本工程墙体采用烧结多孔砖。

(2)墙体砌筑砂浆：±0.000以下采用M7.5水泥砂浆，其余部位采用M5混合砂浆。

(3)不同墙体材料连接处的粉刷应设宽300金属网片，防止裂缝。

3. 楼地面工程

(1)楼地面具体做法详见内装修一览表。所有门及门洞位置设置240宽，长度同洞口的20厚黑色花岗岩面层。

(2)楼地面防水处理：凡有水湿房间在浇筑混凝土梁时，在四周做150高同强度等级混凝土翻口，用水房间均比同层楼面低30mm，地面地漏找1%坡度，并设防污水隔离层。

4. 屋面工程

(1)本工程的屋面防水等级为Ⅲ级。防水层合理使用年限为10年。

(2)屋面做法及屋面节点索引见建筑施工图。屋面平面图露台、雨篷等见各层平面图及有关详图。

(3)屋面排水组织见屋面平面图。

(4)屋面做法见构造装修表。

5. 门窗工程

(1)门窗玻璃的选用应遵照《建筑玻璃应用技术规程》(JGJ 113)和《建筑安全玻璃管理规定》(发改运行〔2003〕2116号)及地方主管部门的有关规定。

(2)门窗立面均表示洞口尺寸，门窗加工尺寸要按照装修面厚度由承包人予以调整。

(3)门窗小五金配件、构造大样、安装要求按相关图集由厂家提供。

(4)门窗选料、颜色、玻璃根据效果图与建设单位协商解决。

(5)除特殊注明外，窗为2001系列银灰色铝合金窗框配5厚白色玻璃。

(6)外门窗水密性3级。隔声性能3级。抗风性能不低于2级。气密性3级。

6. 外装修工程

(1)外装修设计和做法见立面图及构造做法表。

(2)外装修选用的各项材料其材质、规格、颜色等，均由施工单位提供样板。经建设和设计单位确认后进行封样，并据此验收。

(3)外墙勒脚为450高、20厚1:3水泥砂浆打底，1:2.5水泥砂浆粘贴，面层为浅灰色文化石。

7. 内装修工程

(1)内装修工程执行《建筑内部装修设计防火规范》(CB 50222)；楼地面装修工程执行《建筑地面设计规范》(GB 50037)。

××市建筑设计研究院	审定		工程总负责人		校对		工程名称	××商住楼	阶段	施工图	工程号	
	总师		项目负责人		设计		图名	建筑设计总说明(一)	专业	建筑	图号	建施01
	审核		专业负责人		制图				比例		日期	2011.3

建筑		电气	
结构		暖通	
给水		其他	

(2)设有地漏的房间做防水层，图中未注明整个房间做坡度者，均在地漏周围1m范围内做1%坡度坡向地漏；有水房间的楼地面应低于相邻房间不小于30mm或做挡水门槛，有大量排水的应设排水沟和集水坑。

(3)楼梯梯段靠梯井侧设一道花岗岩挡水线。

8.其他施工注意事项

(1)雨水沟、管井及盖板、道路铺地、绿化覆土等室外工程详见市政工程施工图。

(2)雨水管皆为ϕ100,外排管采用国标PVC管，内排管采用镀锌钢管，檐沟落水处加铅丝球罩，管壁距墙面不应小于20mm，排水口底部端头距散水坡面不大于200mm。

(3)各楼梯踏步板均做防滑凹槽，所有楼梯梯段靠梯井侧均做与楼梯同材质的挡水线。

(4)预埋木砖及贴邻墙体的木质面均做防腐处理，露明铁件均做防锈处理。

(5)台阶和散水在主体完工后再施工。

(6)所有装饰材料及内外墙装饰色彩均需提供样板，或在现场会同设计人员研究同意后施工。

(7)凡图纸未提及者请按现行施工及验收规范执行。

门窗表

类型	设计编号	洞口尺寸(mm)	数量	图集名称	页次	选用型号	备注
门	JLM	3195×3300	2				
	JLM	3150×3300	2				
	JLM	3850×3300	1				
	M0821	800×2100	14				实木门
	M0921	900×2100	18				实木门
	M1021	1000×2100	9				防盗门
	M1824	1800×2400	1				防盗门
	TLM1821	1800×2100	8				铝合金推拉门
	TLM2421	2400×2100	6				铝合金推拉门
窗	C1218	1200×1800	16				铝合金窗
	C1818	1800×1800	2				铝合金窗
	C2406	2400×600	5				铝合金窗
	C2418	2400×1800	16				铝合金窗
	C2421	2400×2100	2				铝合金窗
凸窗	TC2418	2400×1800	8				铝合金窗
	TC2421	2400×2100	2				铝合金窗

构造做法表

名称	编号	构造做法	备注
地面	花岗岩地面	1)20厚花岗岩面层，稀水泥浆擦缝	
		2)纯水泥浆结合层	
		3)30厚1:3干硬性水泥砂浆结合层	
		4)纯水泥浆一道	
		5)100厚C15素混凝土垫层	
		6)150厚碎石垫层	
		7)素土夯实	
楼面	楼-1 有防水层楼面	1)10厚防滑地砖，纯水泥浆擦缝	
		2)2厚特种胶黏结剂	
		3)28厚1:3水泥砂浆找平层	
		4)2厚聚氨酯防水涂膜，周边翻起300高	
		5)C20细石土垫层兼找坡层，0.5%坡度坡向地漏，最薄处20厚	
		6)纯水泥浆一道	
		7)钢筋混凝土楼板	
	楼-2 花岗岩楼面	1)20厚花岗岩面层，稀水泥浆擦缝	
		2)纯水泥浆结合层	
		3)30厚1:3干硬性水泥砂浆结合层	
		4)纯水泥浆一道	
		5)钢筋混凝土板	
檐沟	外檐沟	1)20厚1:2.5水泥砂浆保护层	
		2)2厚APF防水卷材	
		3)1:2水泥砂浆找坡层起点20厚 i=1%	
		4)结构层	
顶棚	抛光顶棚	1)白色腻子抛光	
		2)3厚纸筋灰面	
		3)17厚1:3水泥砂浆打底（卫生间用1:2.5水泥砂浆打底）	
		4)钢筋混凝土楼板	
墙裙	彩色釉面砖墙面	1)彩色釉面砖(250×330)面层，干水泥擦缝	
		2)3厚1:1水泥砂浆黏结层	
		3)17厚1:3水泥砂浆打底	
		4)砖墙或混凝土柱	

名称	编号	构造做法	备注
屋面	屋-1 平屋面	1)40厚C30细石混凝土刚性面层（内配双向ϕ4@150钢筋网片）	
		2)3厚纸筋灰隔离层	
		3)40厚挤塑聚苯乙烯泡沫塑料保温板	
		4)2厚APF防水卷材	
		5)20厚1:3水泥砂浆找平层	
		6)1:1:8水泥石灰炉渣找2%坡，最薄处30厚	
		7)现浇钢筋混凝土屋面板	
	屋-2 坡屋面	1)藏青色陶瓷瓦	
		2)30×30挂瓦条	
		3)30×20@500顺水条	
		4)20厚1:3水泥砂浆保护层	
		5)40厚挤塑聚苯乙烯泡沫塑料保温板	
		6)2厚APF防水卷材	
		7)20厚1:3水泥砂浆找平层	
		8)现浇钢筋混凝土屋面板	
外墙	外墙-1 涂料墙面1（从外到里）	1)专用外墙涂料详见立面图	
		2)8厚1:2.5水泥砂浆抹平	
		3)12厚1:3水泥砂浆打底	
		4)砖墙或混凝土柱	
	外墙-2 面砖墙面（从外到里）	1)8厚面砖面层，黑色专用勾缝腻剂	
		2)8厚1:2.5水泥砂浆黏结层	
		3)12厚1:3水泥砂浆打底	
		4)砖墙或混凝土柱	
	外墙-3 花岗岩墙面（从外到里）	1)20厚花岗岩面层，稀水泥浆擦缝	
		2)纯水泥浆结合层	
		3)30厚1:3干硬性水泥砂浆结合层	
		4)素水泥浆一道	
		5)砖墙或混凝土柱	
踢脚线	面砖踢脚	1)120高黑色面砖踢脚板	
		2)3厚1:1水泥砂浆黏结层	
		3)17厚1:3水泥砂浆打底	
		4)砖墙或混凝土柱	

××市建筑设计研究院	审定		工程总负责人		校对		工程名称	××商住楼	阶段	施工图	工程号	
	总师		项目负责人		设计		图名	建筑设计总说明（二）	专业	建筑	图号	建施02
	审核		专业负责人		制图				比例		日期	2011.3

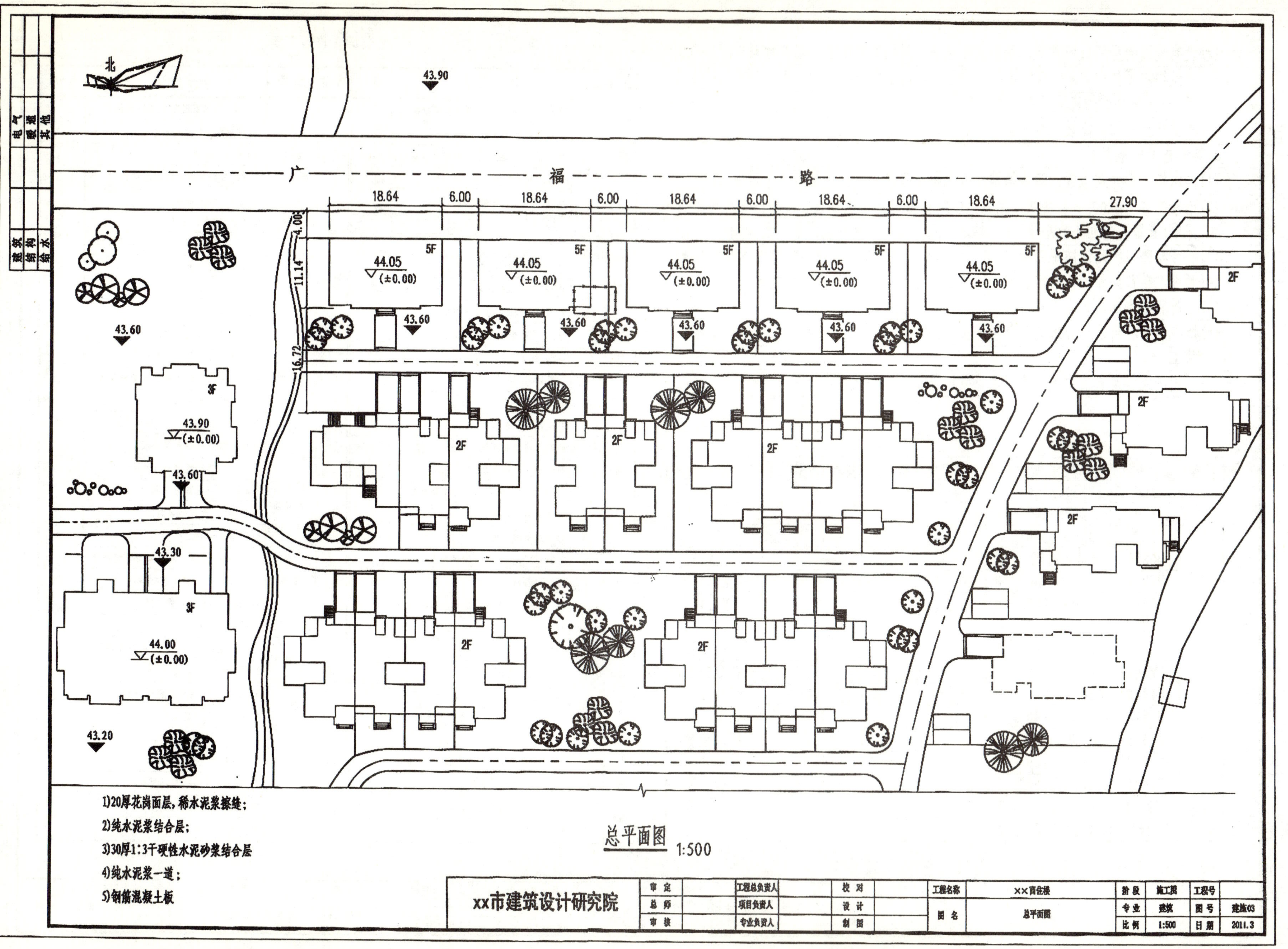

北
43.90
广
福
路
18.64
6.00
18.64
6.00
18.64
6.00
18.64
6.00
18.64
27.90
4.00
11.14
16.72
5F
44.05
(±0.00)
43.60
2F
3F
43.90
(±0.00)
43.60
43.30
44.00
(±0.00)
43.20
电气
暖通
其他
建筑
结构
给水
1)20厚花岗面层，稀水泥浆擦缝；
2)纯水泥浆结合层；
3)30厚1:3干硬性水泥砂浆结合层
4)纯水泥浆一道；
5)钢筋混凝土板
总平面图
1:500
xx市建筑设计研究院
审定
总师
审核
工程总负责人
项目负责人
专业负责人
校对
设计
制图
工程名称
××商住楼
图名
总平面图
阶段
施工图
专业
建筑
比例
1:500
工程号
图号
建施03
日期
2011.3

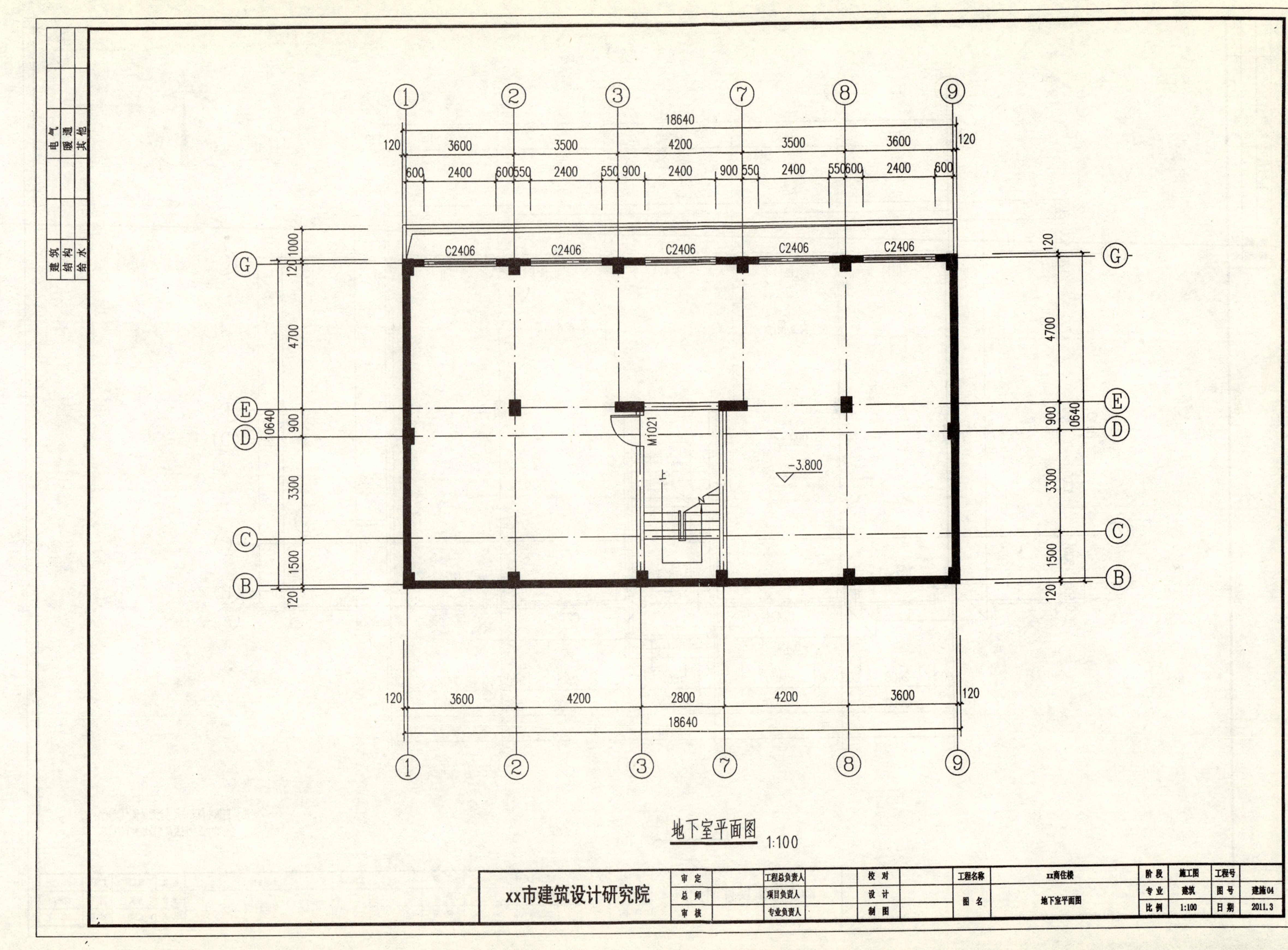

建筑
结构
给水
电气
暖通
其他
18640
120
3600
3500
4200
600
2400
550
900
C2406
M1021
上
-3.800
4700
3300
1500
1000
10640
2800
地下室平面图
1:100
xx市建筑设计研究院
审定
总师
审核
工程总负责人
项目负责人
专业负责人
校对
设计
制图
工程名称
xx商住楼
图名
地下室平面图
阶段
施工图
工程号
专业
建筑
图号
建施04
比例
1:100
日期
2011.3

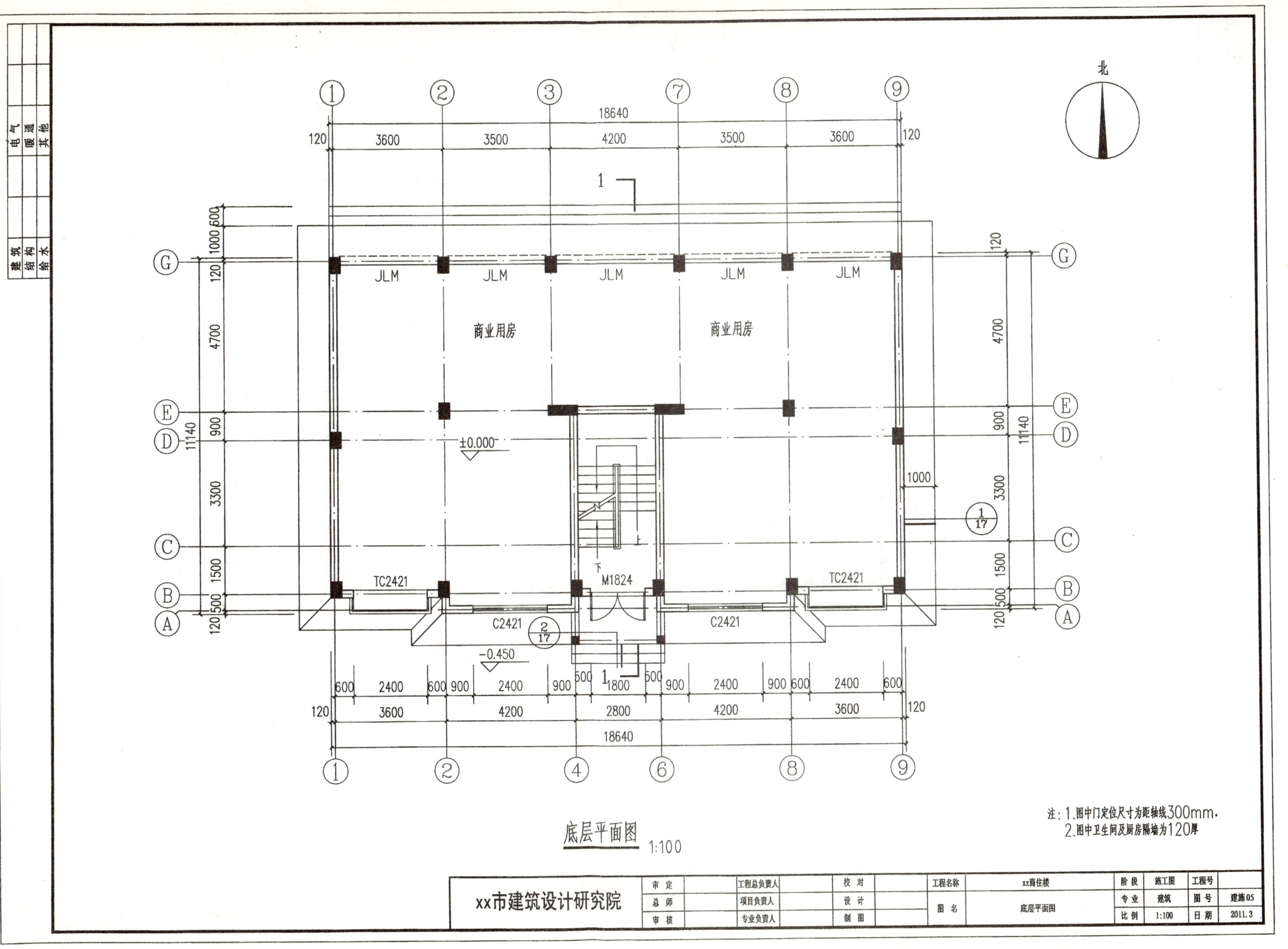
北
18640
120 3600 3500 4200 3500 3600 120
JLM
商业用房
±0.000
TC2421
C2421
M1824
上
下
-0.450
1000
11140
4700
900
3300
1500
500
120
600 2400 600 900 2400 900 500 1800 500 900 2400 900 600 2400 600
120 3600 4200 2800 4200 3600 120
注：1.图中门定位尺寸为距轴线300mm.
2.图中卫生间及厨房隔墙为120厚
建筑
结构
给水
电气
暖通
其他
xx市建筑设计研究院
审定
总师
审核
工程总负责人
项目负责人
专业负责人
校对
设计
制图
工程名称
xx商住楼
图名
底层平面图
阶段
施工图
专业
建筑
比例
1:100
工程号
图号
建施05
日期
2011.3

底层平面图 1:100

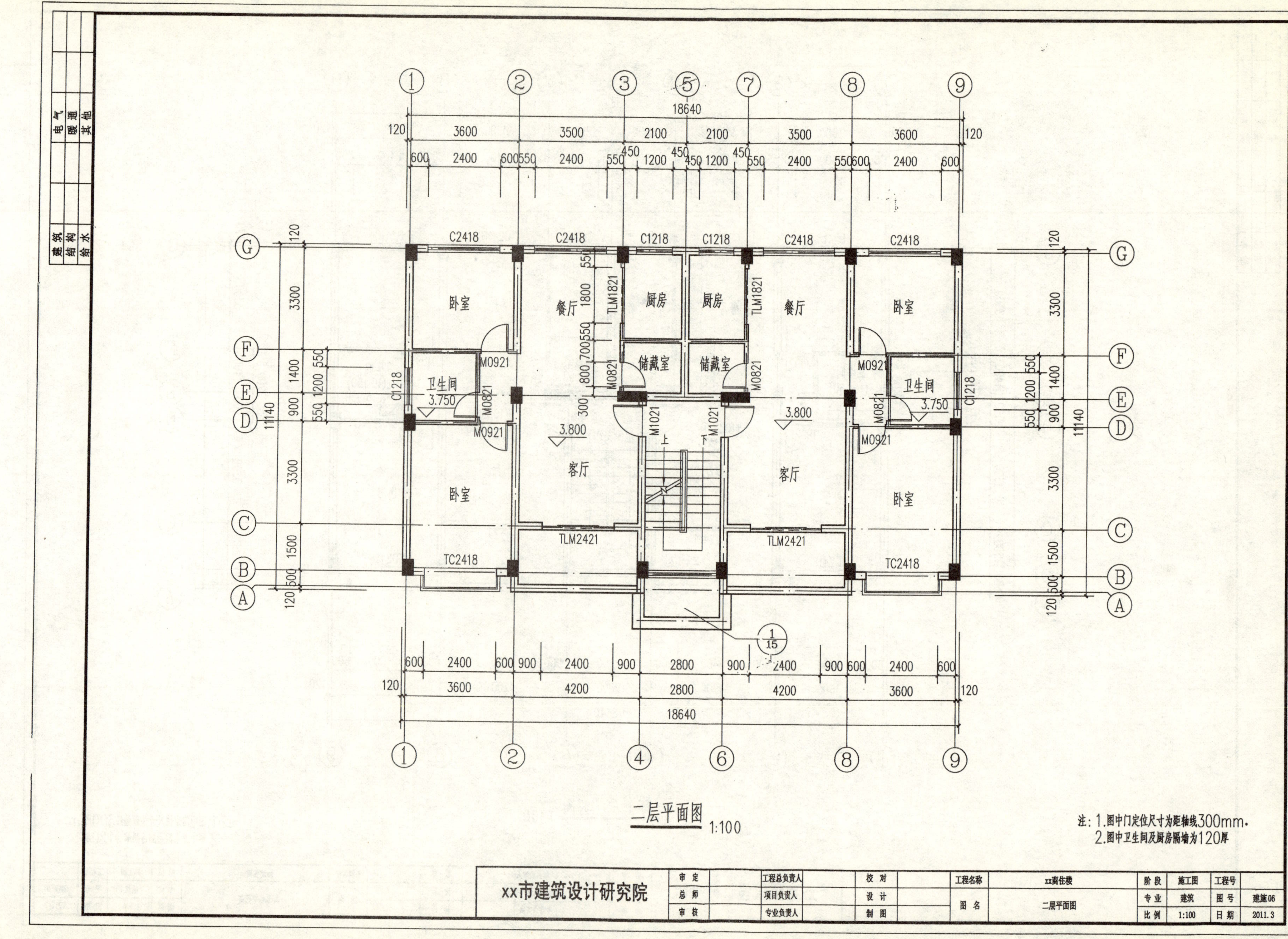

建筑
结构
给水
电气
暖通
其他
卧室
餐厅
厨房
储藏室
卫生间
客厅
C2418
C1218
TLM1821
M0921
M0821
M1021
TLM2421
TC2418
3.750
3.800
上
下
18640
11140
二层平面图
1:100
注：1.图中门定位尺寸为距轴线300mm。
2.图中卫生间及厨房隔墙为120厚
XX市建筑设计研究院
审定
总师
审核
工程总负责人
项目负责人
专业负责人
校对
设计
制图
工程名称
xx商住楼
图名
二层平面图
阶段
施工图
专业
建筑
比例
1:100
工程号
图号
建施06
日期
2011.3

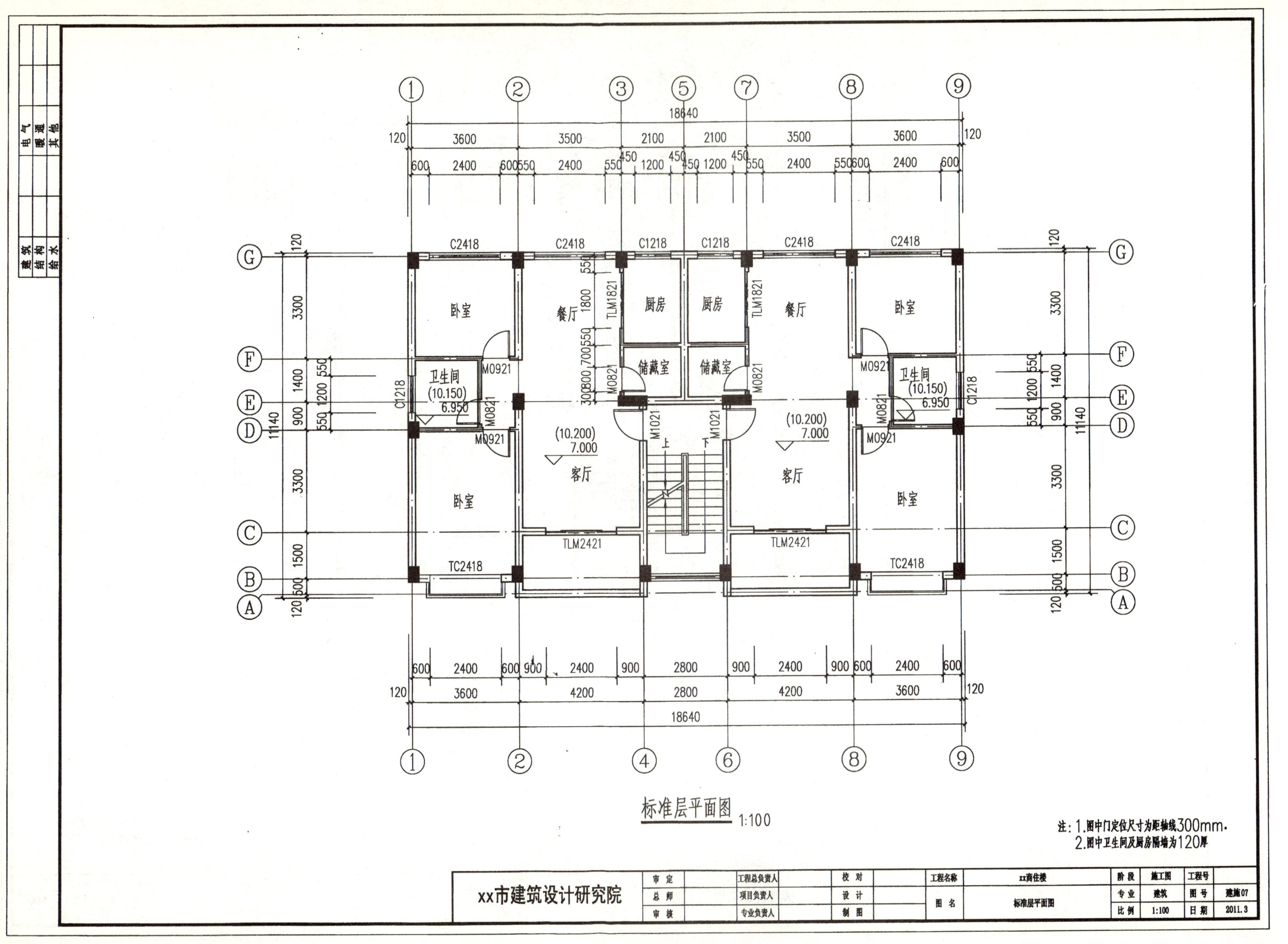
卧室
餐厅
厨房
储藏室
卫生间
客厅
C2418
C1218
TLM1821
TLM2421
TC2418
M0921
M0821
M1021
18640
11140
标准层平面图 1:100
注：1.图中门定位尺寸为距轴线300mm.
2.图中卫生间及厨房隔墙为120厚
xx市建筑设计研究院
审 定
总 师
审 核
工程总负责人
项目负责人
专业负责人
校 对
设 计
制 图
工程名称
xx商住楼
图 名
标准层平面图
阶 段
施工图
专 业
建筑
比 例
1:100
工程号
图 号
建施07
日 期
2011.3
建筑
结构
给水
电气
暖通
其他

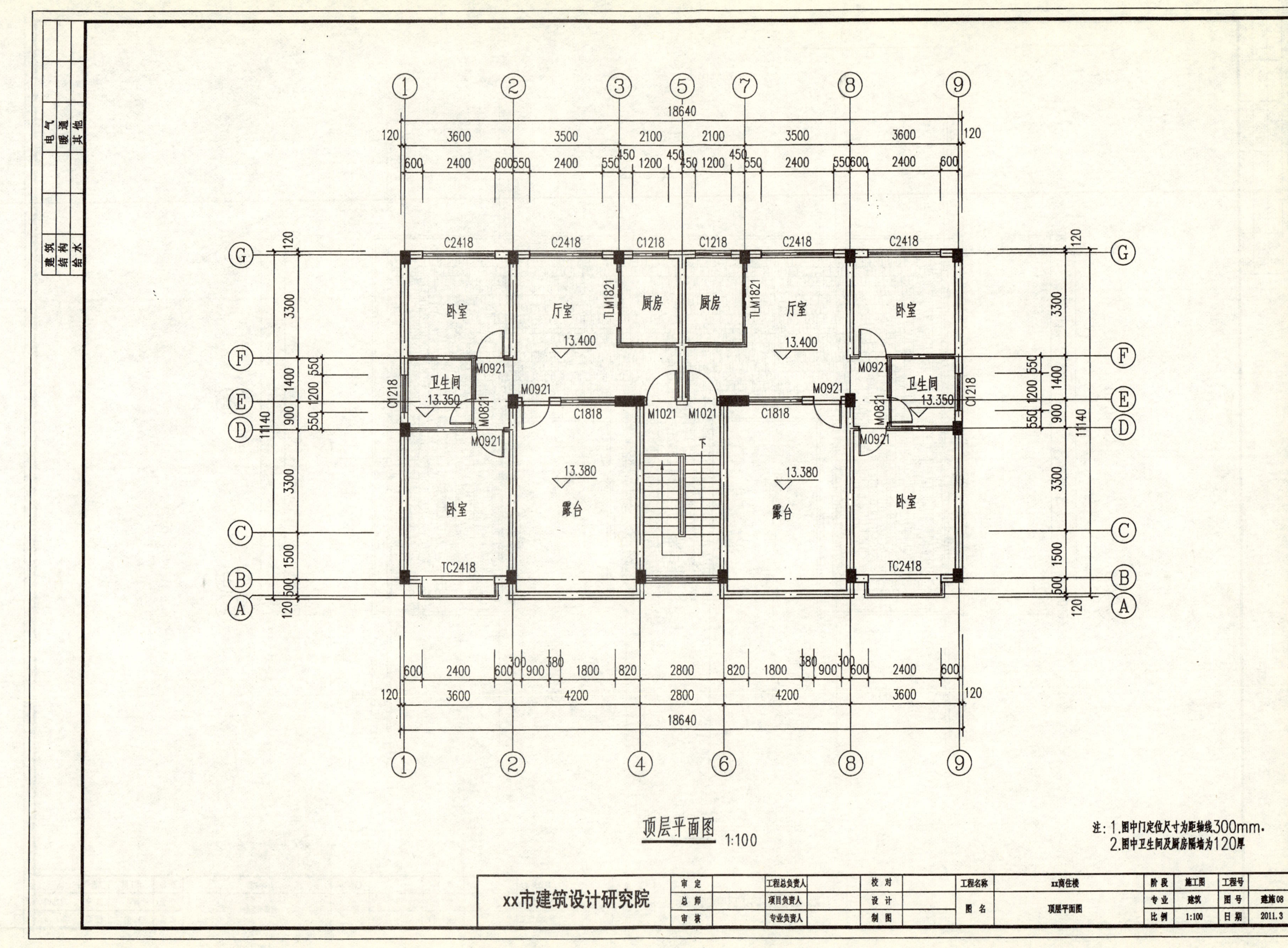

建筑
结构
给水
电气
暖通
其他
卧室
厅室
厨房
厨房
厅室
卧室
卫生间
卫生间
卧室
露台
露台
卧室
13.400
13.400
13.350
13.350
13.380
13.380
C2418
C1218
TLM1821
M0921
M0821
C1818
M1021
TC2418
下
18640
11140
顶层平面图 1:100
注：1.图中门定位尺寸为距轴线300mm。
2.图中卫生间及厨房隔墙为120厚
xx市建筑设计研究院
审定
总师
审核
工程总负责人
项目负责人
专业负责人
校对
设计
制图
工程名称
xx商住楼
图名
顶层平面图
阶段
施工图
工程号
专业
建筑
图号
建施08
比例
1:100
日期
2011.3

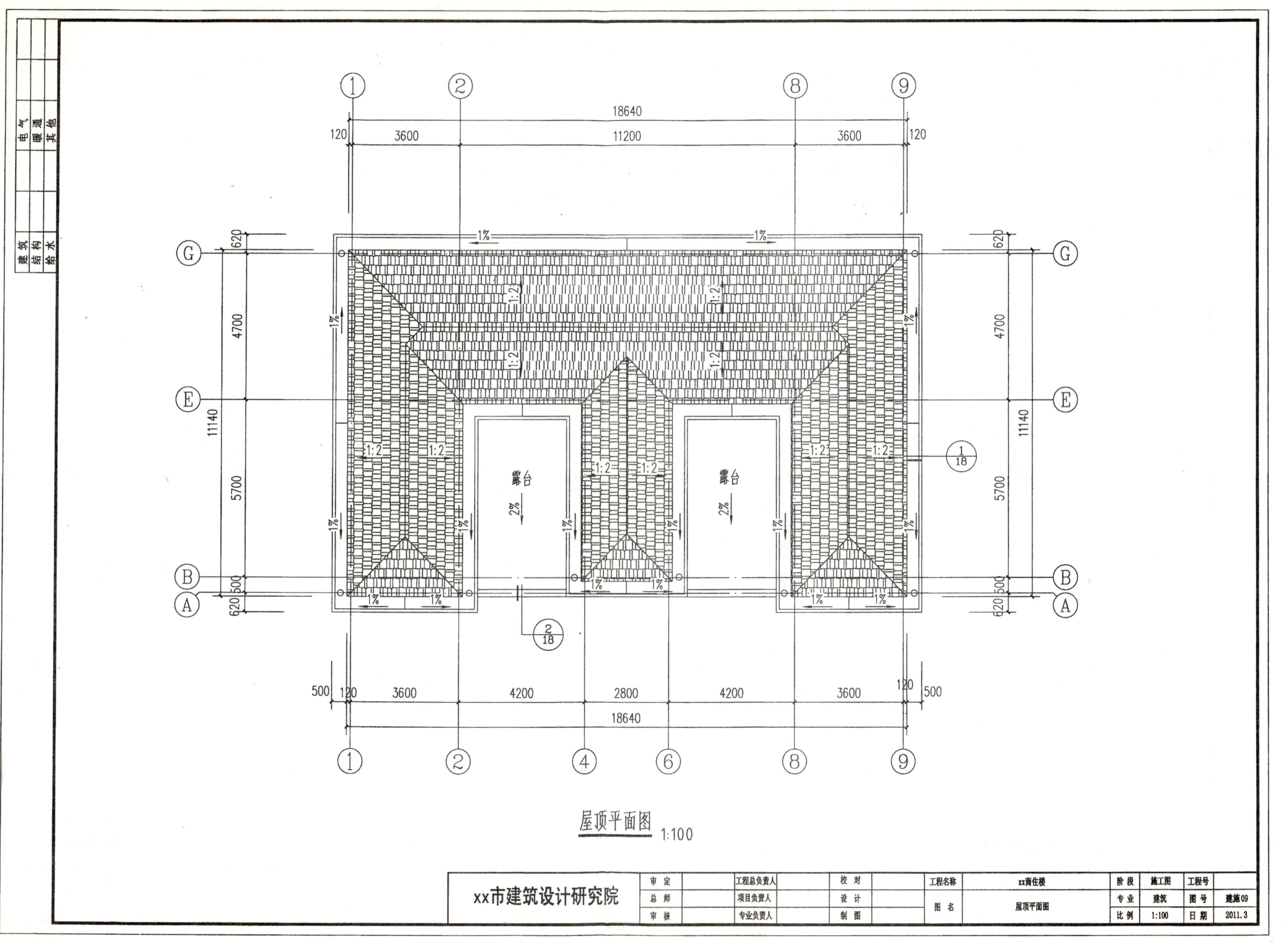

建筑
结构
给水
电气
暖通
其他
18640
120
3600
11200
3600
120
1%
1:2
露台
2%
4700
5700
11140
620
500
4200
2800
1/18
2/18
屋顶平面图 1:100
xx市建筑设计研究院
审定
总师
审核
工程总负责人
项目负责人
专业负责人
校对
设计
制图
工程名称
xx商住楼
图名
屋顶平面图
阶段
施工图
专业
建筑
比例
1:100
工程号
图号
建施09
日期
2011.3

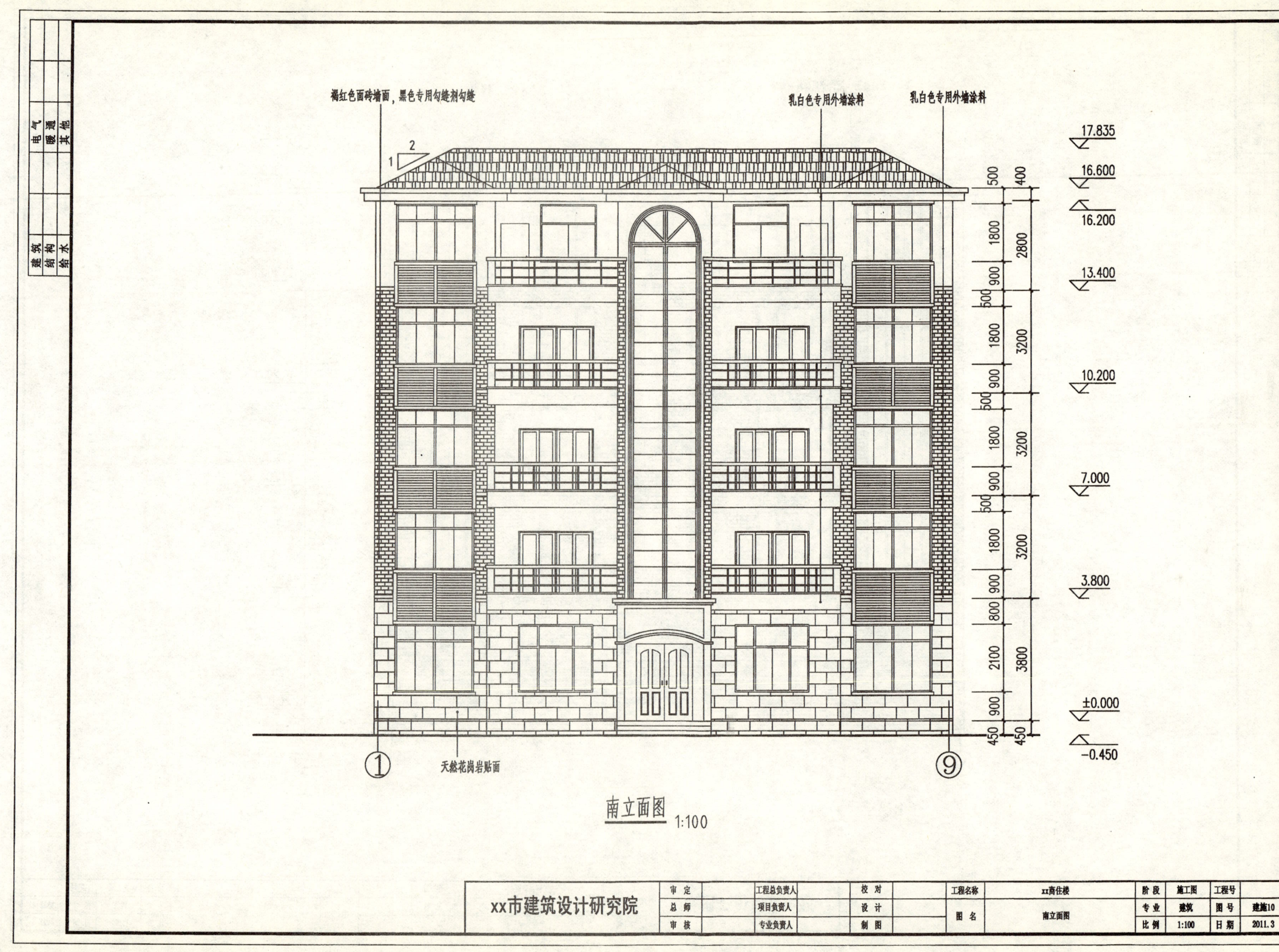
褐红色面砖墙面，黑色专用勾缝剂勾缝
乳白色专用外墙涂料
乳白色专用外墙涂料
天然花岗岩贴面
17.835
16.600
16.200
13.400
10.200
7.000
3.800
±0.000
-0.450
500
1800
900
500
1800
900
500
1800
900
500
1800
900
800
2100
900
450
400
2800
3200
3200
3200
3800
450
1
9
1
2
建筑
结构
给水
电气
暖通
其他
xx市建筑设计研究院
审定
总师
审核
工程总负责人
项目负责人
专业负责人
校对
设计
制图
工程名称
xx商住楼
图名
南立面图
阶段
施工图
专业
建筑
比例
1:100
工程号
图号
建施10
日期
2011.3

南立面图 1:100

褐红色面砖墙面，黑色专用勾缝剂勾缝
乳白色专用外墙涂料
17.835
16.600
16.200
13.400
10.200
7.000
3.800
±0.000
-0.450
500
1800
900
500
1800
900
500
1800
900
500
1800
900
350
3450
450
9
1
电气
暖通
其他
建筑
结构
给水
xx市建筑设计研究院
审 定
总 师
审 核
工程总负责人
项目负责人
专业负责人
校 对
设 计
制 图
工程名称
xx商住楼
图 名
北立面图
阶 段
施工图
工程号
专 业
建筑
图 号
建施11
比 例
1:100
日 期
2011.3

北立面图 1:100

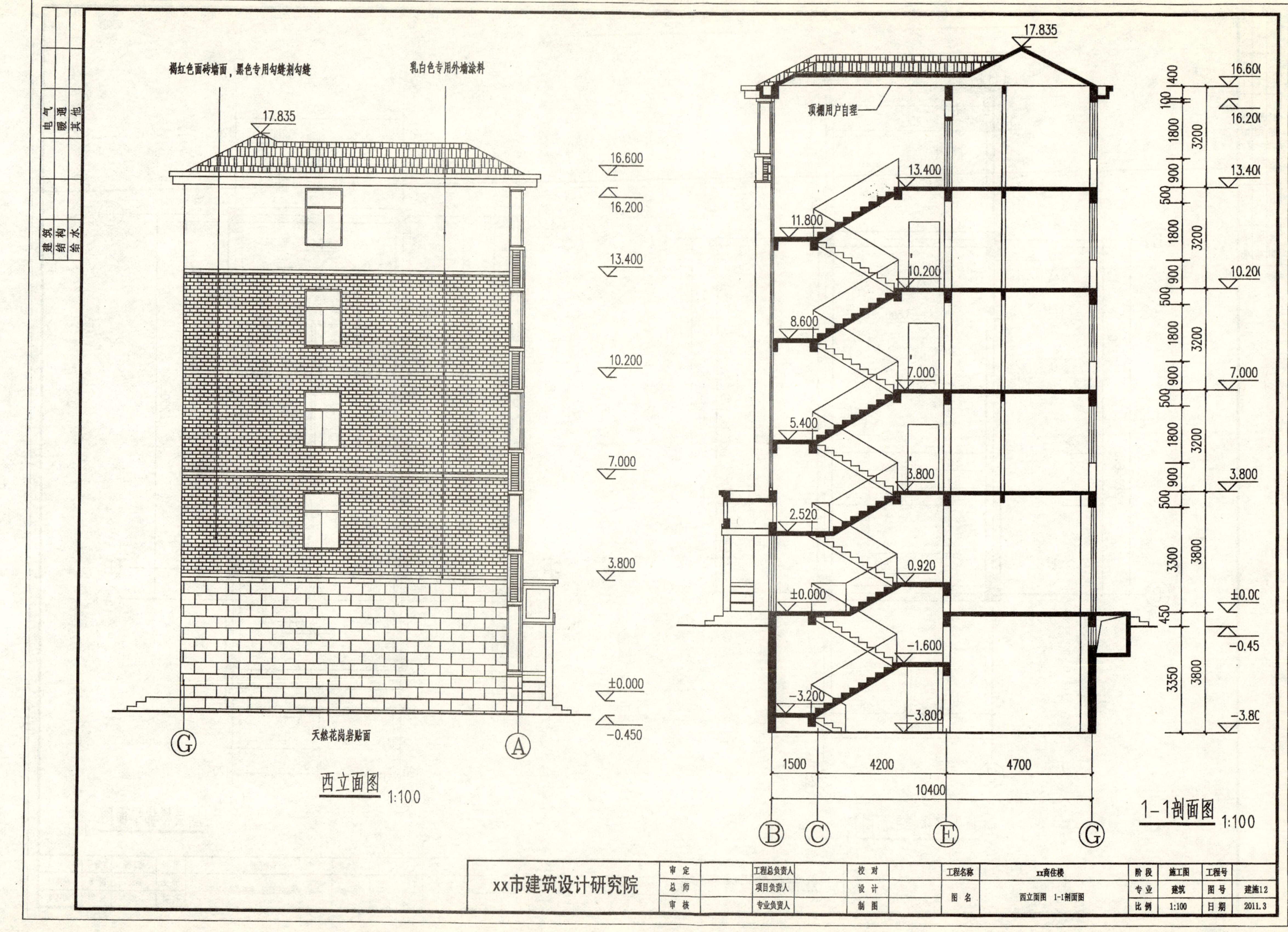
建筑
结构
给水
电气
暖通
其他
褐红色面砖墙面，墨色专用勾缝剂勾缝
乳白色专用外墙涂料
17.835
16.600
16.200
13.400
10.200
7.000
3.800
±0.000
-0.450
天然花岗岩贴面
西立面图 1:100
顶棚用户自理
11.800
8.600
5.400
2.520
-3.200
-1.600
0.920
-3.800
1500
4200
4700
10400
3350
3800
450
3300
500
900
1800
3200
100
400
1-1剖面图 1:100
xx市建筑设计研究院
审定
总师
审核
工程总负责人
项目负责人
专业负责人
校对
设计
制图
工程名称
xx商住楼
图名
西立面图 1-1剖面图
阶段
施工图
专业
建筑
比例
1:100
工程号
图号
建施12
日期
2011.3

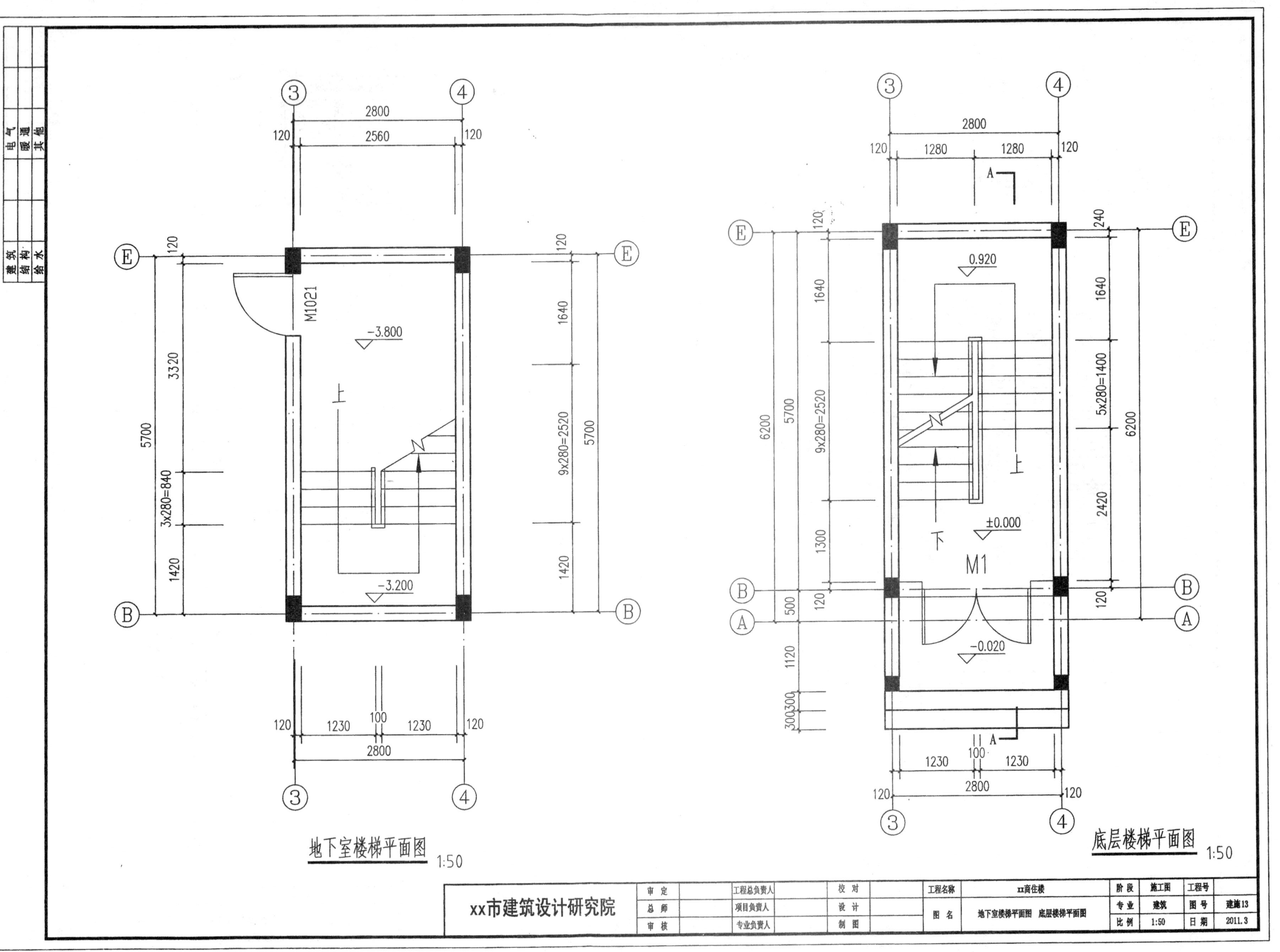

地下室楼梯平面图 1:50
M1021
-3.800
-3.200
上
底层楼梯平面图 1:50
M1
±0.000
0.920
-0.020
上
下
xx市建筑设计研究院
审 定
总 师
审 核
工程总负责人
项目负责人
专业负责人
校 对
设 计
制 图
工程名称
xx商住楼
图 名
地下室楼梯平面图 底层楼梯平面图
阶 段
施工图
专 业
建筑
比 例
1:50
工程号
图 号
建施13
日 期
2011.3
建筑
结构
给水
电气
暖通
其他

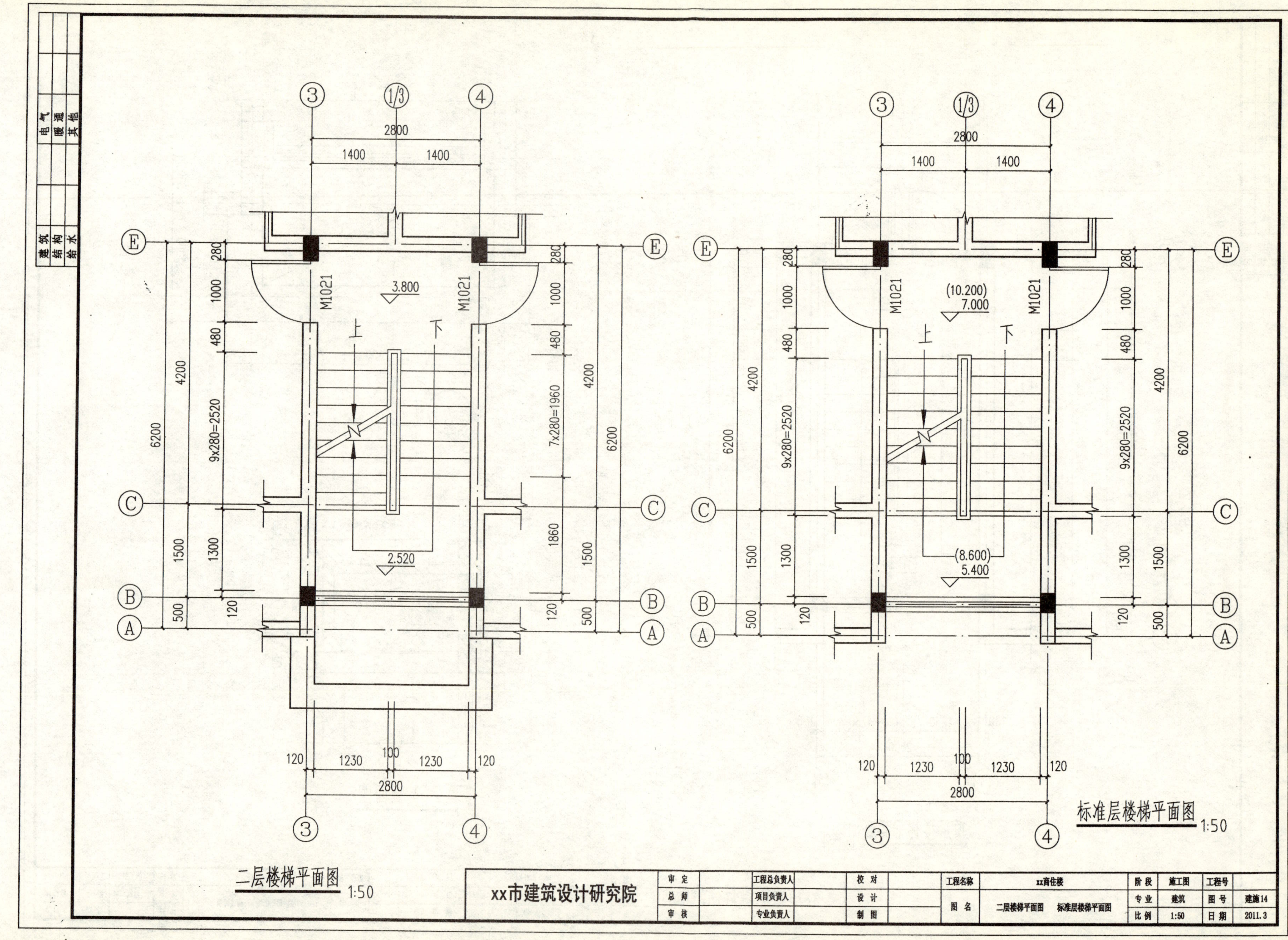

建筑
结构
给水
电气
暖通
其他
二层楼梯平面图 1:50
标准层楼梯平面图 1:50
xx市建筑设计研究院
M1021
6200
500
1500
4200
1300
9x280=2520
480
1000
280
120
1860
7x280=1960
1230
100
2800
1400
2.520
3.800
(8.600)
5.400
(10.200)
7.000
上
下
审定
总师
审核
工程总负责人
项目负责人
专业负责人
校对
设计
制图
工程名称
图名
xx商住楼
二层楼梯平面图 标准层楼梯平面图
阶段
施工图
专业
建筑
比例
1:50
工程号
图号
建施14
日期
2011.3

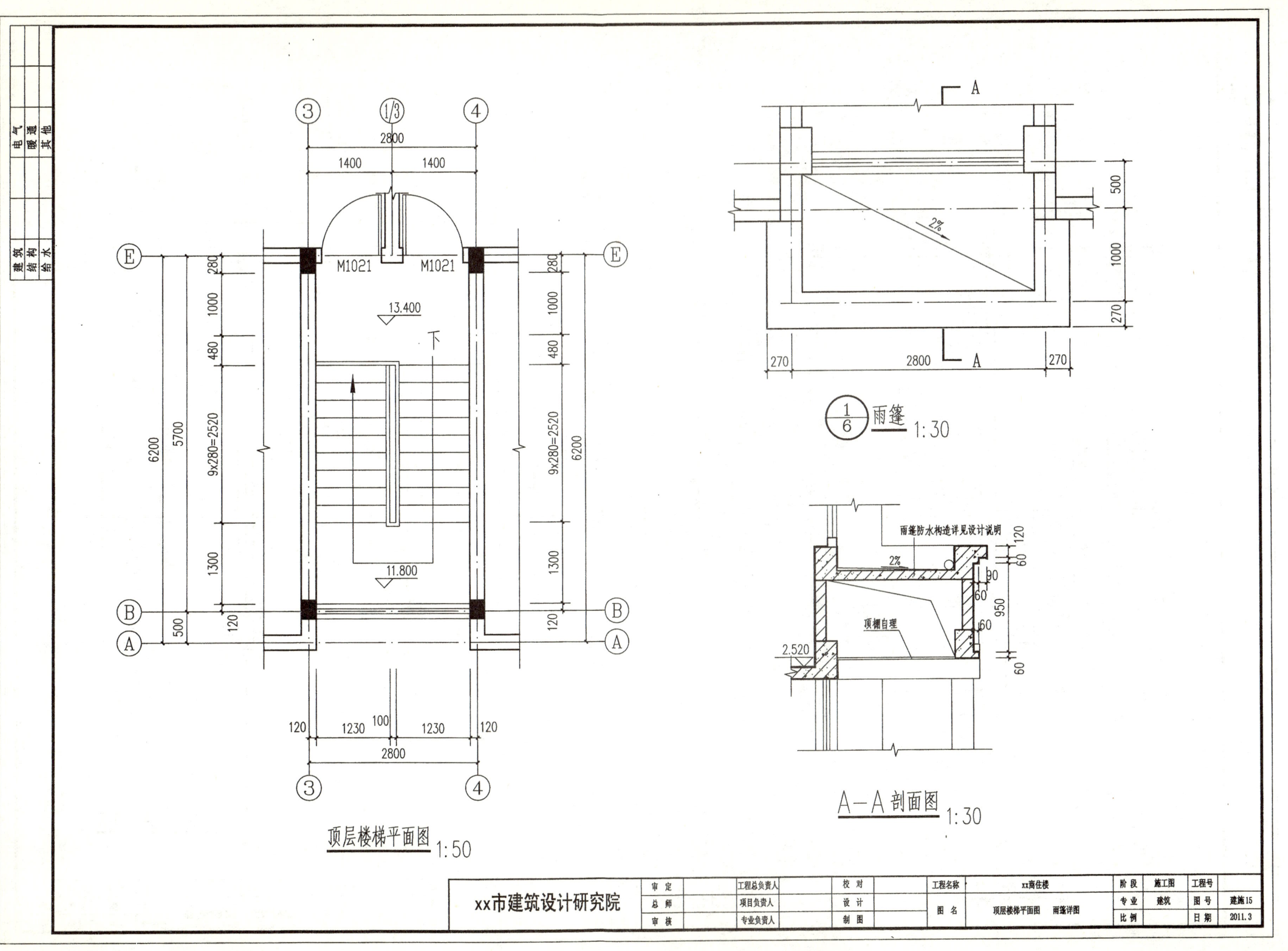

电气
暖通
其他
建筑
结构
给水
③
1/3
④
2800
1400
1400
Ⓔ
M1021
M1021
13.400
下
11.800
280
1000
480
9x280=2520
1300
120
500
5700
6200
Ⓑ
Ⓐ
120
1230
100
1230
120
2800
顶层楼梯平面图 1:50
A
2%
500
1000
270
270
2800
270
1/6 雨篷 1:30
雨篷防水构造详见设计说明
2%
120
60
90
60
950
60
60
顶棚自理
2.520
A—A 剖面图 1:30
xx市建筑设计研究院
审 定
总 师
审 核
工程总负责人
项目负责人
专业负责人
校 对
设 计
制 图
工程名称
xx商住楼
图 名
顶层楼梯平面图 雨篷详图
阶 段
施工图
专 业
建筑
比 例
工程号
图 号
建施15
日 期
2011.3

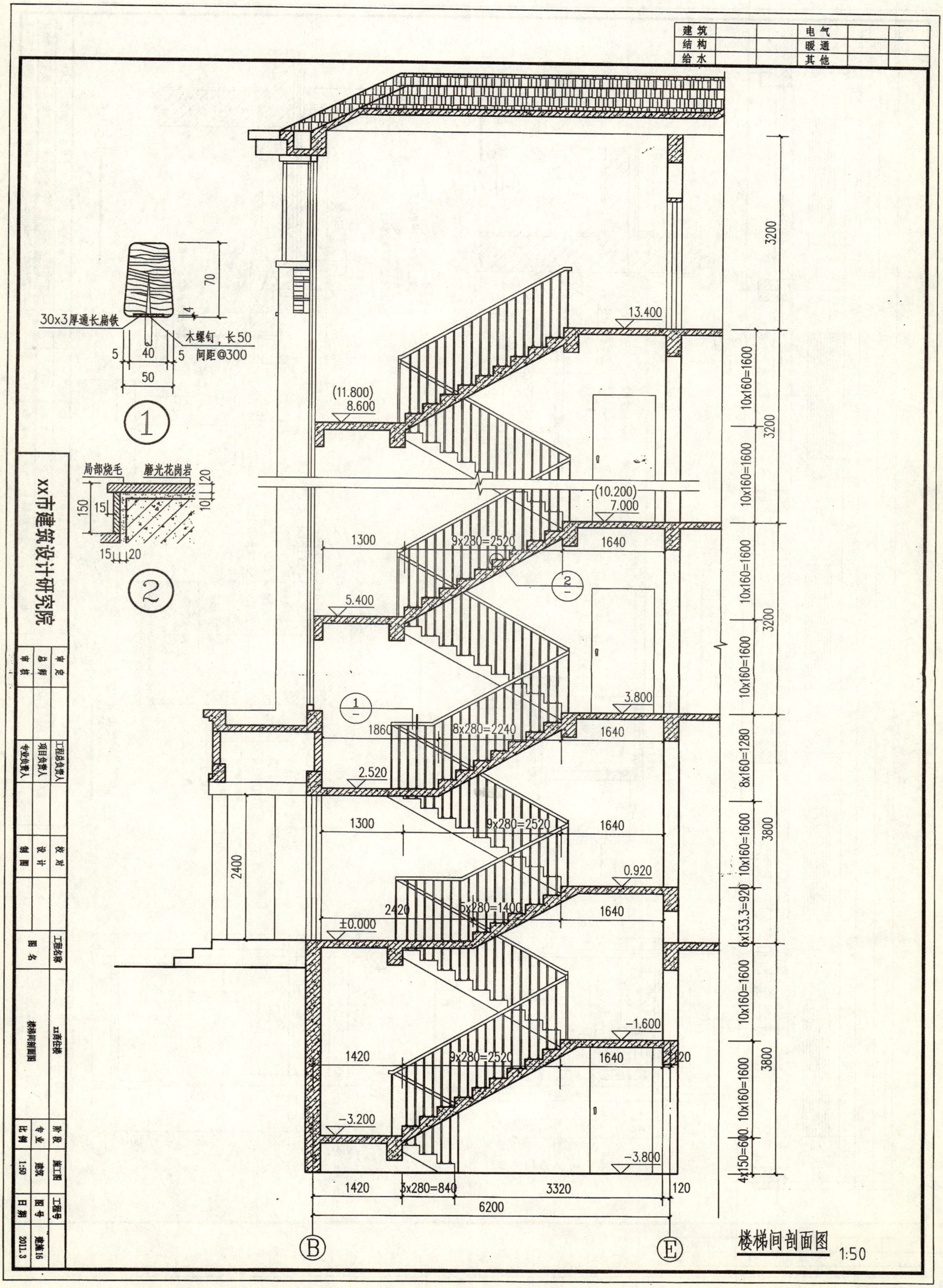

建筑
结构
给水
电气
暖通
其他
xx市建筑设计研究院
审定
总师
审核
工程总负责人
项目负责人
专业负责人
校对
设计
制图
工程名称 xx商住楼
图名 楼梯间剖面图
阶段 施工图
专业 建筑
比例 1:50
工程号
图号 建施16
日期 2011.3
30x3厚通长扁铁
木螺钉，长50
间距@300
局部烧毛
磨光花岗岩
13.400
(11.800)
8.600
(10.200)
7.000
5.400
3.800
2.520
0.920
±0.000
-1.600
-3.200
-3.800
9x280=2520
8x280=2240
5x280=1400
3x280=840
10x160=1600
8x160=1280
6x153.3=920
4x150=600
1300
1420
1640
3320
6200
2400
2420
1860
3200
3800
B
E

楼梯间剖面图 1:50

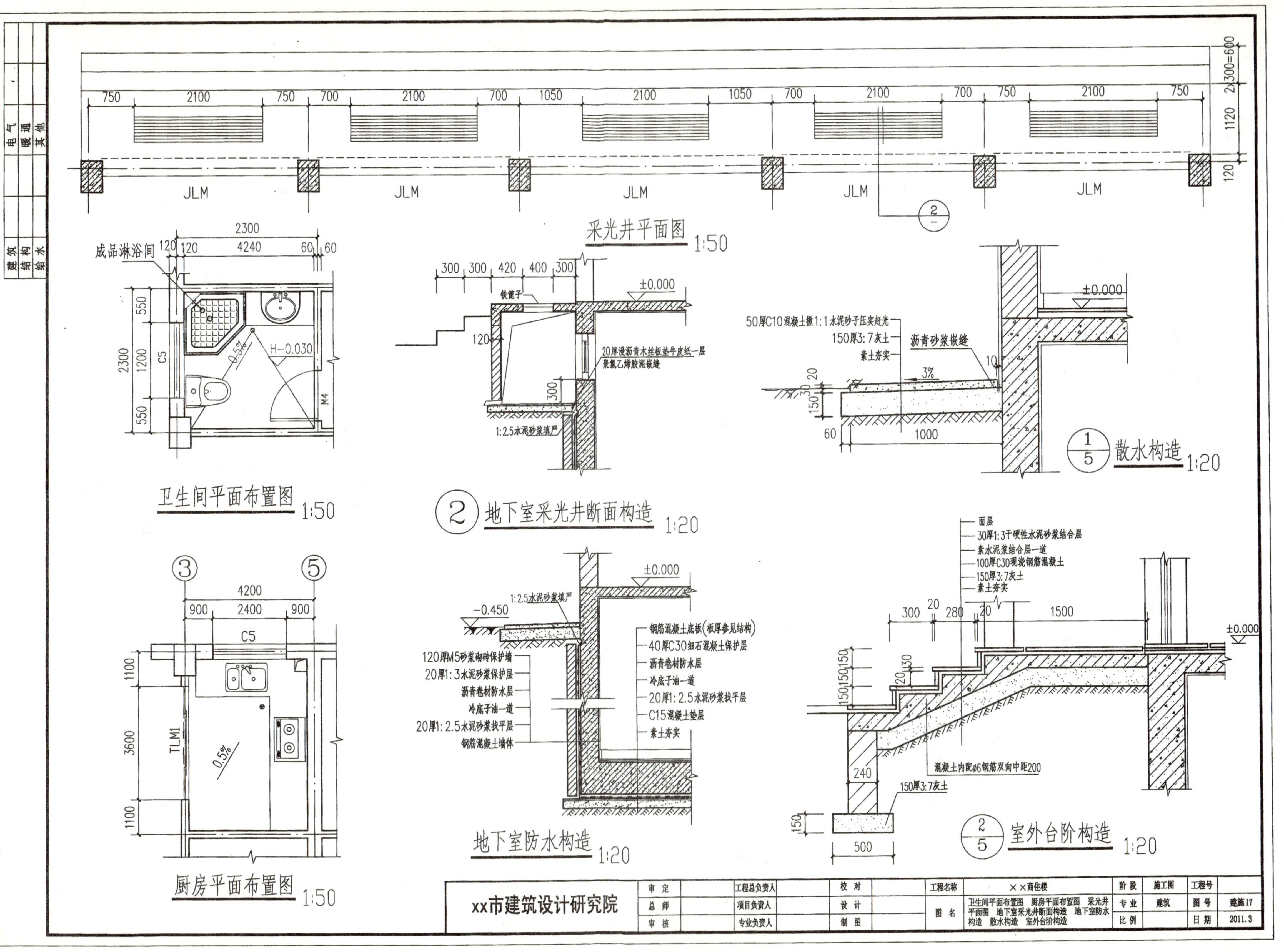

采光井平面图 1:50
JLM
卫生间平面布置图 1:50
成品淋浴间
H-0.030
0.5%
M4
C5
② 地下室采光井断面构造 1:20
铁篦子
20厚浸沥青木丝板垫牛皮纸一层
聚氯乙烯胶泥嵌缝
1:2.5水泥砂浆填严
±0.000
1/5 散水构造 1:20
50厚C10混凝土撒1:1水泥砂子压实赶光
150厚3:7灰土
素土夯实
沥青砂浆嵌缝
3%
厨房平面布置图 1:50
TLM1
地下室防水构造 1:20
-0.450
1:2.5水泥砂浆填严
120厚M5砂浆砌砖保护墙
20厚1:3水泥砂浆保护层
沥青卷材防水层
冷底子油一道
20厚1:2.5水泥砂浆找平层
钢筋混凝土墙体
钢筋混凝土底板(板厚参见结构)
40厚C30细石混凝土保护层
C15混凝土垫层
2/5 室外台阶构造 1:20
面层
30厚1:3干硬性水泥砂浆结合层
素水泥浆结合层一道
100厚C30现浇钢筋混凝土
150厚3:7灰土
混凝土内配φ6钢筋双向中距200
150厚3:7灰土
xx市建筑设计研究院
审定
总师
审核
工程总负责人
项目负责人
专业负责人
校对
设计
制图
工程名称 ××商住楼
图名 卫生间平面布置图 厨房平面布置图 采光井平面图 地下室采光井断面构造 地下室防水构造 散水构造 室外台阶构造
阶段 施工图
专业 建筑
比例
工程号
图号 建施17
日期 2011.3
建筑
结构
给水
电气
暖通
其他

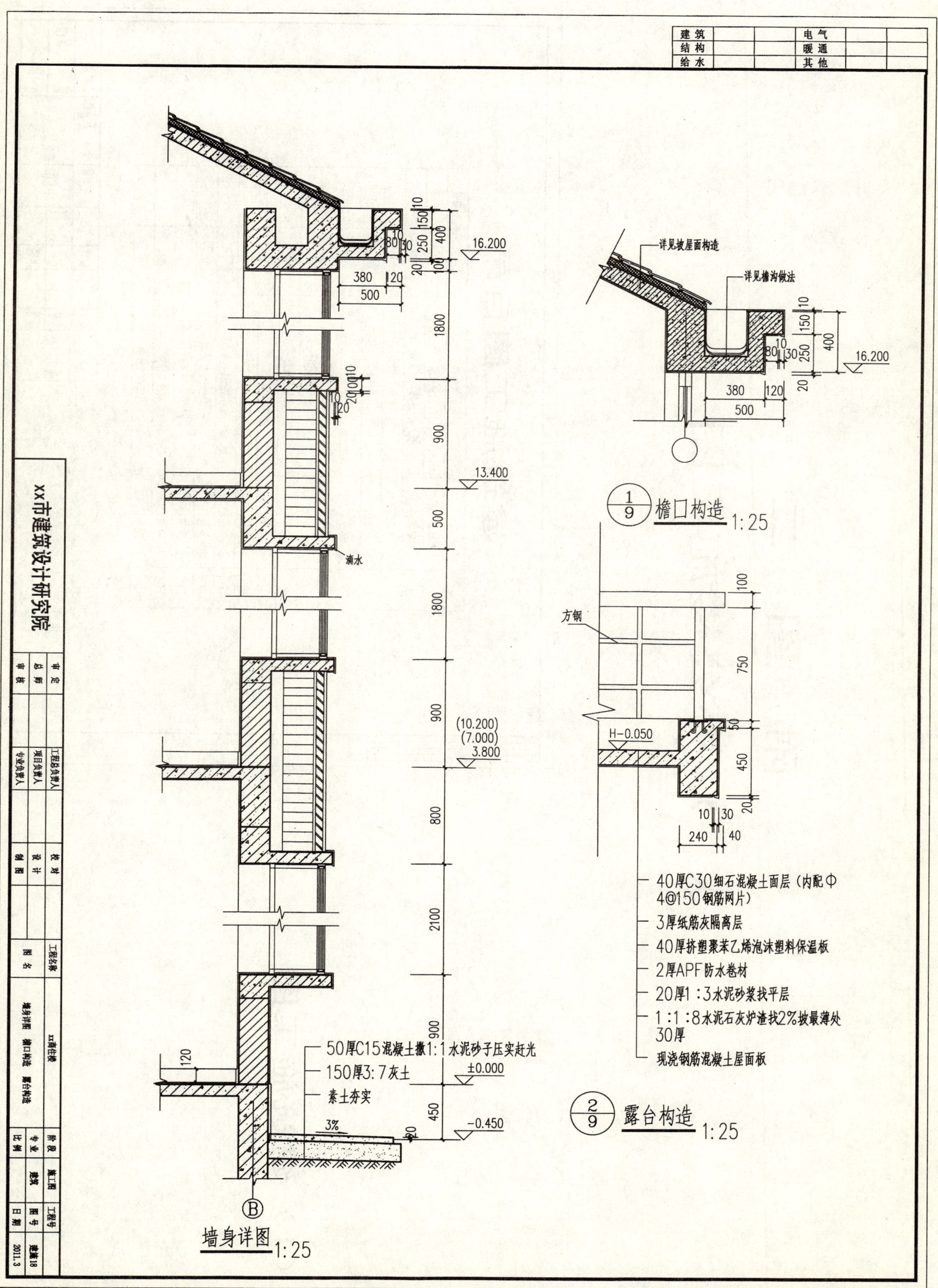

建筑
结构
给水
电气
暖通
其他
xx市建筑设计研究院
审定
总师
审核
工程负责人
项目负责人
专业负责人
校对
设计
制图
工程名称
图名
墙身详图 檐口构造 露台构造
阶段 施工图
专业 建筑
比例
工程号
图号 建施18
日期 2011.3
16.200
13.400
(10.200)
(7.000)
3.800
±0.000
-0.450
滴水
50厚C15混凝土撒1:1水泥砂子压实赶光
150厚3:7灰土
素土夯实
3%
墙身详图 1:25
详见坡屋面构造
详见檐沟做法
檐口构造 1:25
方钢
H-0.050
40厚C30细石混凝土面层（内配Φ4@150钢筋网片）
3厚纸筋灰隔离层
40厚挤塑聚苯乙烯泡沫塑料保温板
2厚APF防水卷材
20厚1:3水泥砂浆找平层
1:1:8水泥石灰炉渣找2%坡最薄处30厚
现浇钢筋混凝土屋面板
露台构造 1:25

附 图 二

X X 办公楼施工图

（1） 建筑施工图

建筑施工图目录

序号	图 号	图纸名称	图 幅	备注
1	建施00	图纸目录	A3	
2	建施01	建筑设计说明	A3	
3	建施02	首层平面图	A3	
4	建施03	二层平面图	A3	
5	建施04	三层平面图	A3	
6	建施05	四层平面图	A3	
7	建施06	五层平面图	A3	
8	建施07	屋顶平面图	A3	
9	建施08	①—⑮ 立面图	A3	
10	建施09	⑮—① 立面图	A3	
11	建施10	⑱—Ⓓ立面图1-1剖面图	A3	
12	建施11	1#楼梯间大样图	A3	
13	建施12	2#楼梯间大样图	A3	
14	建施13	墙身大样图	A3	
15	建施14	卫生间大样图	A3	

X X 设计院	审定		校对		工程名称	X X 办公楼	工程号	
	审核		制图		图 名	建筑施工图目录	图 号	建施00
	设计		比例				日 期	

设 计 说 明

一、概况

1、本设计为位于中南某地，建筑面积为2992.5平方米，该工程为四层框架结构办公楼，局部五层，抗震按六度设防。

2、本设计室内标高±0.000与绝对标高的关系由建设单位与施工单位现场确定。

3、本设计耐火等级为二级，屋面防水等级为Ⅱ级，本建筑合理使用年限为50年。

4、本设计除标高以米计外，其他尺寸均以毫米为单位。

二、设计依据

1、甲方与签定的合同书，甲方同意的初步设计方案进行施工图设计

2、甲方提供的有关设计要求及地质勘探报告

3、《工程建设标准强制性条文》

4、《民用建筑设计通则》JGJ37-87

5、《民用建筑热工设计规范》GB50176-93

6、《混凝土结构设计规范》GB50010-2002

7、《办公建筑设计规范》JGJ67-89

8、《屋面工程技术规范》GB50207-94

三、建筑设计：

1、墙体：

(1) 外墙为300厚，内墙为200厚，隔墙为120厚。 ±0.000以上采用Mb7.5级混合砂浆砌A3.5级加气砼砌块，±0.000以下采用M5级水泥砂浆砌MU10级KP1型多孔砖，并用M10砂灌实孔洞。

(2) 加气砼砌块与柱、梁交接处需加设耐碱玻纤网格布，做法详见中南标准图集11ZJ103《蒸压加气混凝土砌块建筑构造》第11页详图。

(2) 在±0.000标高处设防潮层，做法1:2水泥砂浆20厚5%防水剂。

2、墙体：

(1) 门：外门为铝合金地弹门，内门为夹板门。外门均居墙中安装，内门向开启方向内平安装。

(2) 窗：所有外窗均为银白色塑钢推拉窗，窗玻璃采用5mm厚普通白玻璃。底层外墙窗窗外侧设铝合金防盗栏。

3、装修：

室外装修详见立面图及装修表，室内装修见装修表。

散水宽1.5mm，每隔6m设20mm宽变形缝一道，散水与外墙交接处及变形缝用沥青麻丝填实。

4、保温节能：

(1) 地面：为18厚水泥炉渣，100厚素混凝土垫层。

(2) 屋面：150水泥聚苯板保温层。

(3) 外墙：外墙内粉30厚双灰粉保温砂浆。

(4) 楼梯间：为封闭楼梯间，楼梯间内墙粉30厚双灰粉保温砂浆。

五、其它：

1、施工时，土建、水、电各专业之间应密切配合，以避免错、碰、漏等现象，凡选用标准图集的构件应严格按标准图集施工。

2、本设计所用图集均为中南地区标准图集。

3、施工时严格按照国家现行规定的施工规范、规程及工程建设标准强制条文，精心施工。

4、在施工中如发现图纸不详，实际与设计不符之处，请及时与设计人员联系，以求及时解决。

装修表

项目	名称	使用图集	标准图编号	使用部位	备注
散水	混凝土散水	05ZJ001-101	散1	建筑物四周	
外墙面	刷涂料外墙面	05ZJ001-70	外墙 24	见立面图	
	贴面砖外墙面	05ZJ001-67	外墙 13	见立面图	
	贴花岗岩外墙面	05ZJ001-67	外墙 15	见立面图	
内墙面	水泥砂浆墙面	05ZJ001-46	内墙 7	所有房间	
	贴瓷砖墙面	05ZJ001-48	内墙 13	卫生间	
地面	陶瓷地砖地面	05ZJ001-10	地20	所有房间、楼梯	
	陶瓷地砖卫生间地面	05ZJ001-19	地56	一层卫生间	
	铺大理石地面	05ZJ001-10	地22	一层门厅、走道	
楼面	陶瓷地砖楼面	05ZJ001-25	楼10	所有房间	
	陶瓷地砖卫生间楼面	05ZJ001-32	楼33	卫生间	
顶棚	水泥砂浆顶棚	05ZJ001-75	顶4	所有房间	
	铝合金方形板吊顶	05ZJ001-83	顶22	卫生间	
踢脚	面砖踢脚	05ZJ001-37	踢19	所有房间	
	大理石踢脚	05ZJ001-38	踢25	一层门厅、走道、楼梯	
台阶	水磨石台阶	05ZJ001-97	台3	室外台阶	
屋面	合成高分子卷材和涂膜防水上人屋面	05ZJ001-111	屋6	所有房间	
	高聚物改性沥青卷材和涂膜防水上人屋面	05ZJ001-113	屋12		水泥聚苯板厚150mm
油漆	木材面调和漆	05ZJ001-113	涂1	木材面	
	金属面调和漆	05ZJ001-113	涂12	金属面	
防腐	预埋木砖		浸涂防腐油		
	预埋铁件		刷防锈漆		

门窗明细表

门窗编号	洞口尺寸	选用标准图	标准图编号	数量	备注
M－1	3200x3300	参98ZJ641-66	仿LDHM70-33-1	2	宽改为3200
M－2	3100x3300	参98ZJ641-66	仿LDHM70-33-2	4	宽改为3100
M－3	1500x2700	98ZJ641-65	LDHM70-16	2	
M－4	900x2700			2	丙级防火门
M－5	1500x2700	88ZJ641-7	M62-1527	10	
M－6	1000x2700	88ZJ641-7	M24-1027	67	
M－7	900x2100	88ZJ641-7	M21-0921	4	
M－8	1000x2100	88ZJ641-7	M21-1021	4	
M－9	800x2100	88ZJ641-7	M23-0821	1	
M－10	1500x2400	88ZJ641-7	M21-1524	2	
C－1	3150x2400	参02ZJ702	仿TC_2-3021S	4	宽改为3150 高改为2400
C－2	1800x2100	02ZJ702	TC-1821S	10	
C－3	1500x2100	02ZJ702	TC-1821S	3	
C－4	1800x10200			2	隐框玻璃幕墙见建施14
C－5	3150x2050	参02ZJ702-40	仿HTC-3021S	12	宽改为3150 高改为2050
C－6	3100x2050	参02ZJ702-40	仿HTC-3021S	12	宽改为3100 高改为2050
C－7	1800x1800	02ZJ702-36	TC_1-1818S	43	
C－8	1500x1800	02ZJ702-36	TC_1-1518S	8	
C－9	1200x1800	02ZJ702-36	TC_1-1218S	6	距地1150
C－10	1200x2100	02ZJ702-36	SC_1-1518S	4	距地1150
C－11	1800x2300	参02ZJ702	仿TC_1-1821	9	高改为2300
C－12	900x2100	02ZJ702-30	仿SC-0918	4	高改为2100
C－13	1200x1200	02ZJ702-30	TC-1212	2	
C－14	600x600	02ZJ702-30	SC-0606	4	
C－15	6700x10400			1	隐框玻璃幕墙见建施14
C－16	7950x4100			1	隐框玻璃幕墙见建施14

注：推拉窗框采用80系列.

X X 设计院	审定		校对		工程名称	X X 办公楼	工程号	
	审核		制图		图名	装修表 门窗明细表	图号	建施01
	设计		比例				日期	

建筑			
结构			
电气			
给排水			

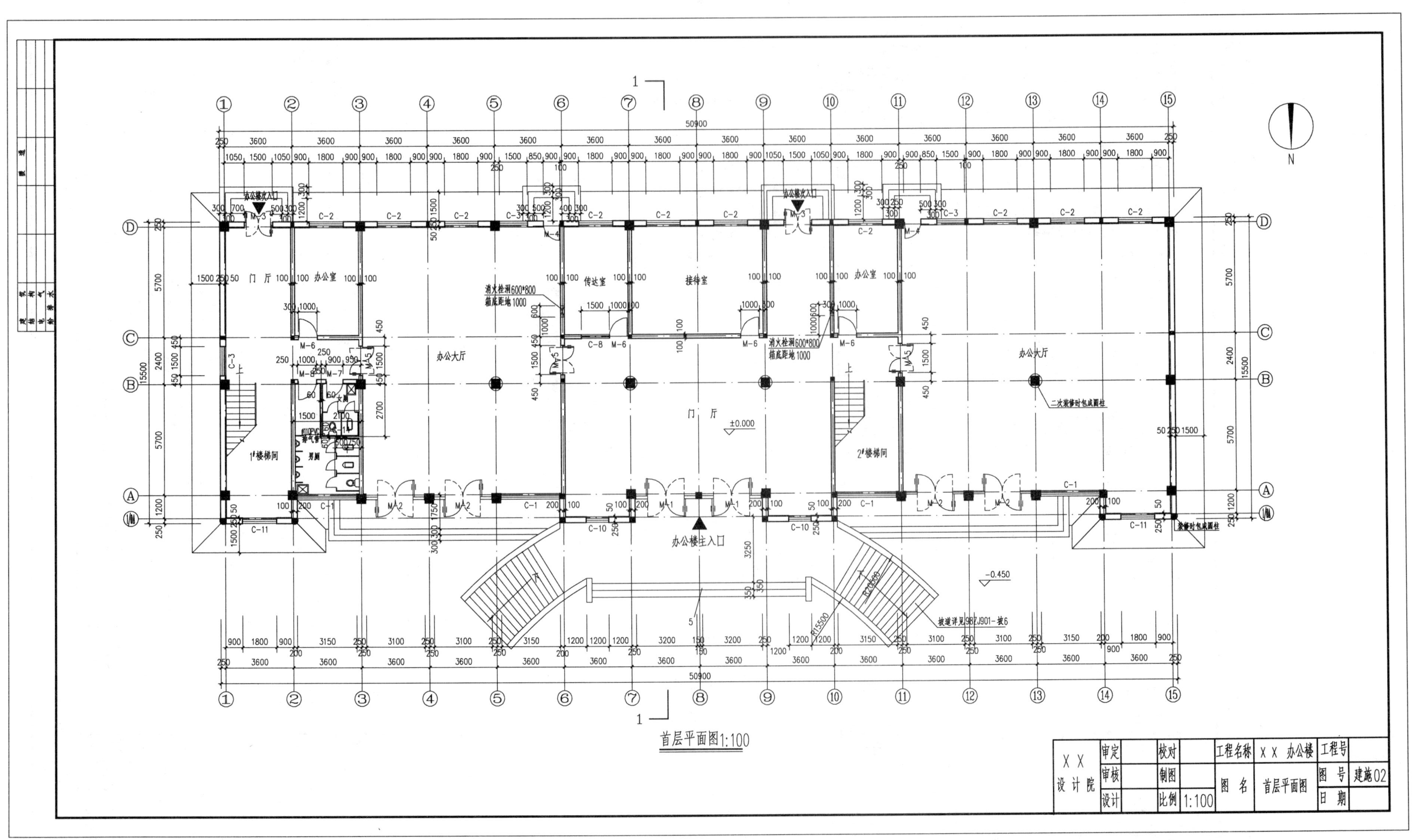
办公楼次入口
办公楼主入口
门 厅
办公室
办公大厅
传达室
接待室
1#楼梯间
2#楼梯间
男厕
女厕
消火栓洞600*800
箱底距地1000
二次装修时包成圆柱
±0.000
-0.450
坡道详见98ZJ901-坡6
50900
15500
XX设计院
审定
审核
设计
校对
制图
比例
1:100
工程名称
XX 办公楼
图 名
首层平面图
工程号
图 号
建施02
日 期

首层平面图1:100

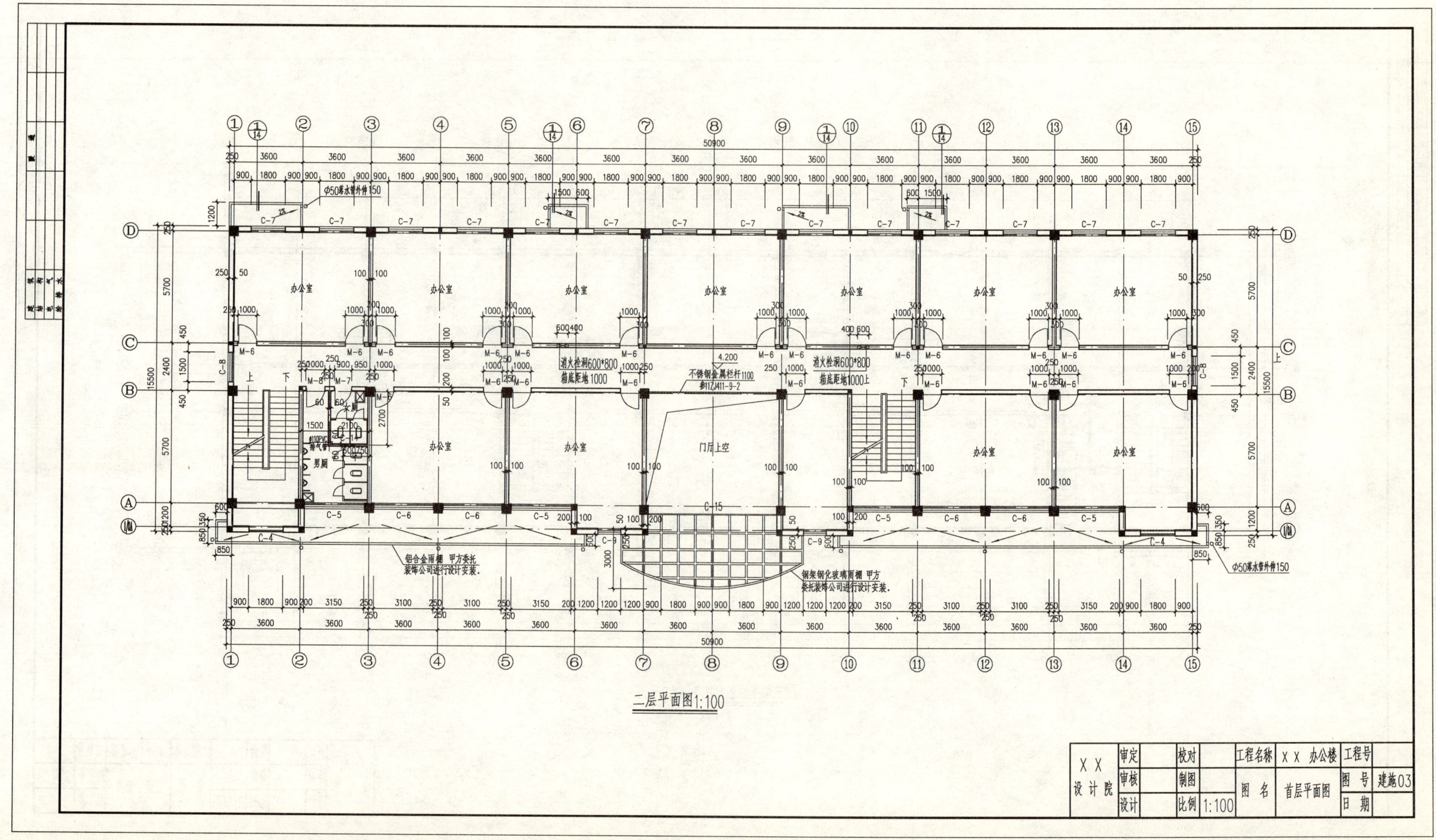

建筑
结构
电气
给排水
办公室
男厕
女厕
门厅上空
消火栓洞600*800
箱底距地1000
不锈钢金属栏杆1100
参11ZJ411-9-2
铝合金雨棚 甲方委托装饰公司进行设计安装.
钢架钢化玻璃雨棚 甲方委托装饰公司进行设计安装.
Φ50落水管外伸150
二层平面图1:100
X X 设计院
审定
审核
设计
校对
制图
比例 1:100
工程名称
X X 办公楼
工程号
图 名
首层平面图
图 号
建施03
日 期

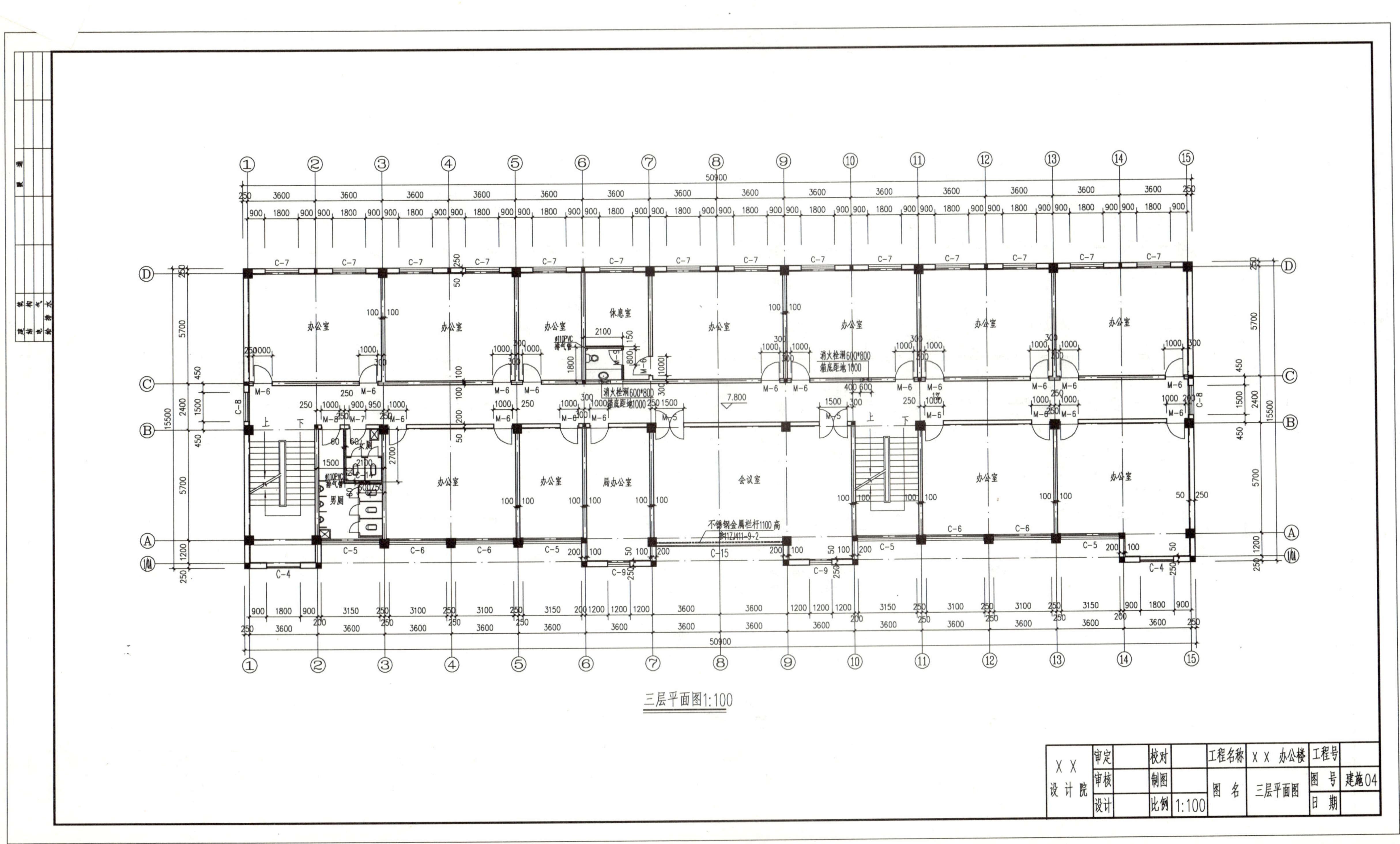
办公室
休息室
局办公室
会议室
男厕
女厕
消火栓洞600*800
箱底距地1000
不锈钢金属栏杆1100高
参11ZJ411-9-2
X X 设计院
审定
审核
设计
校对
制图
比例
1:100
工程名称
X X 办公楼
图 名
三层平面图
工程号
图 号
建施04
日 期

三层平面图1:100

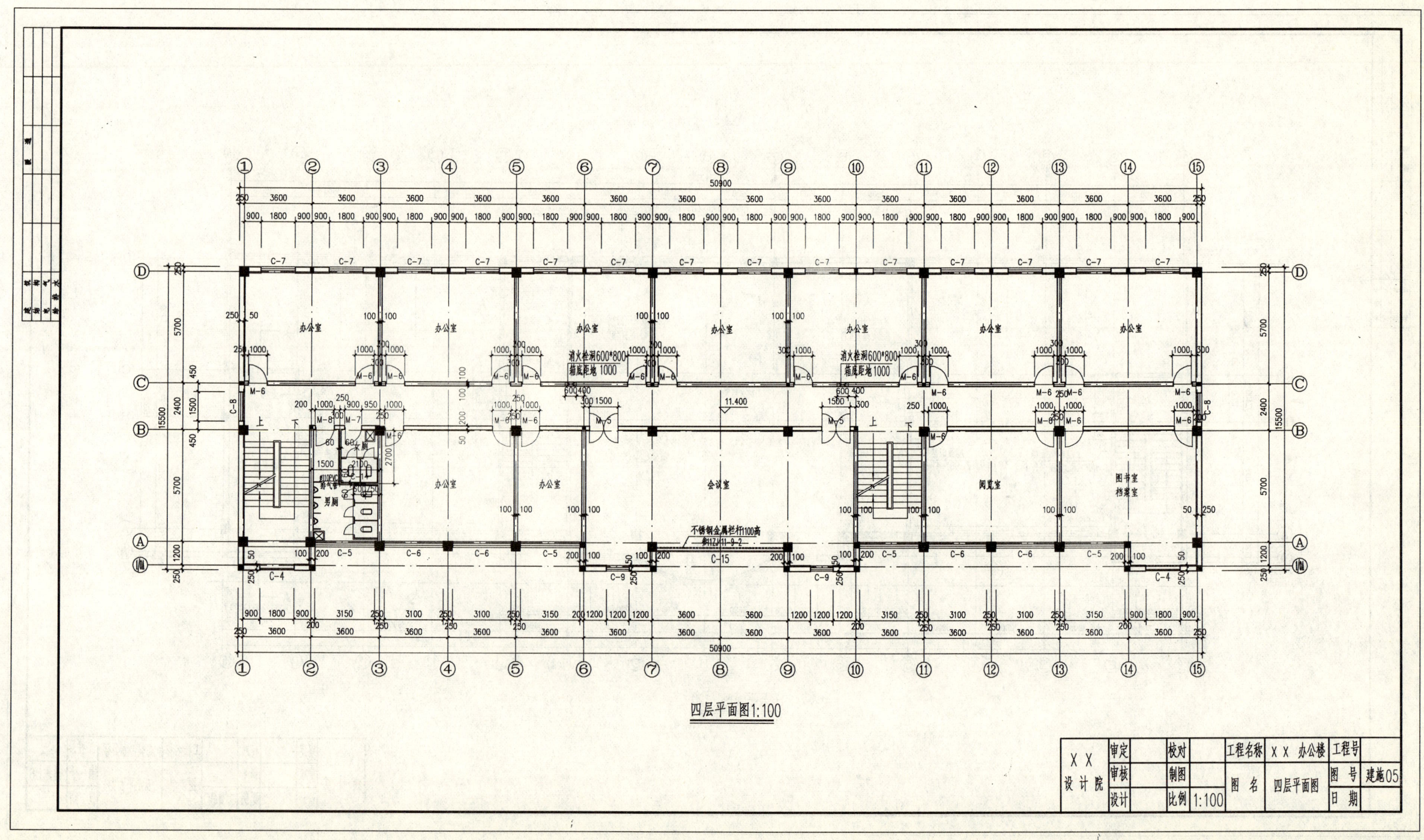

办公室
会议室
阅览室
图书室
档案室
男厕
女厕
上
下
消火栓洞600*800
箱底距地1000
不锈钢金属栏杆100高
11.400
50900
15500
四层平面图1:100
X X
设 计 院
审定
审核
设计
校对
制图
比例
1:100
工程名称
X X 办公楼
图 名
四层平面图
工程号
图 号
建施05
日 期

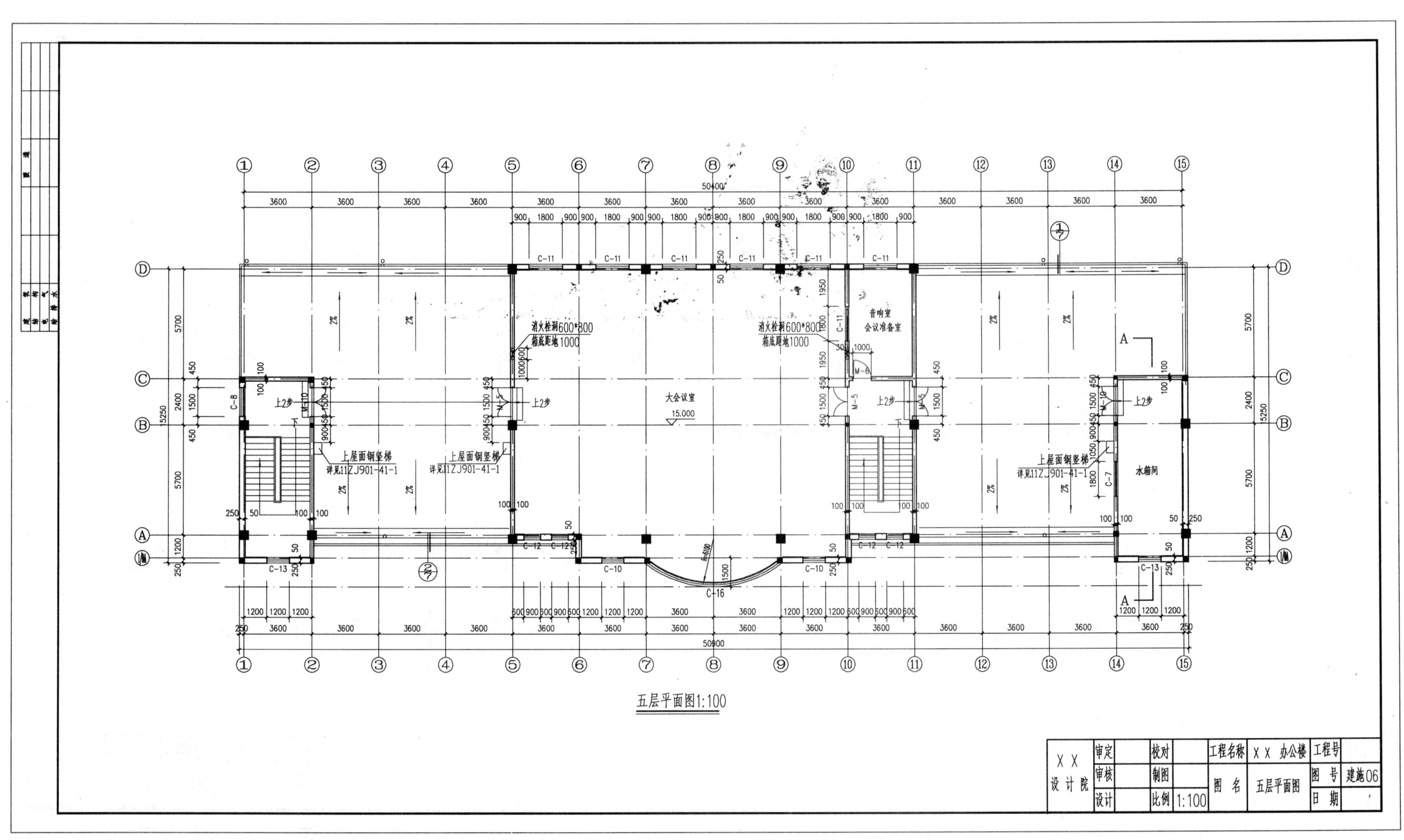

五层平面图1:100

X X 设计院	审定		校对		工程名称	X X 办公楼	工程号	
	审核		制图		图 名	五层平面图	图 号	建施06
	设计		比例	1:100			日 期	

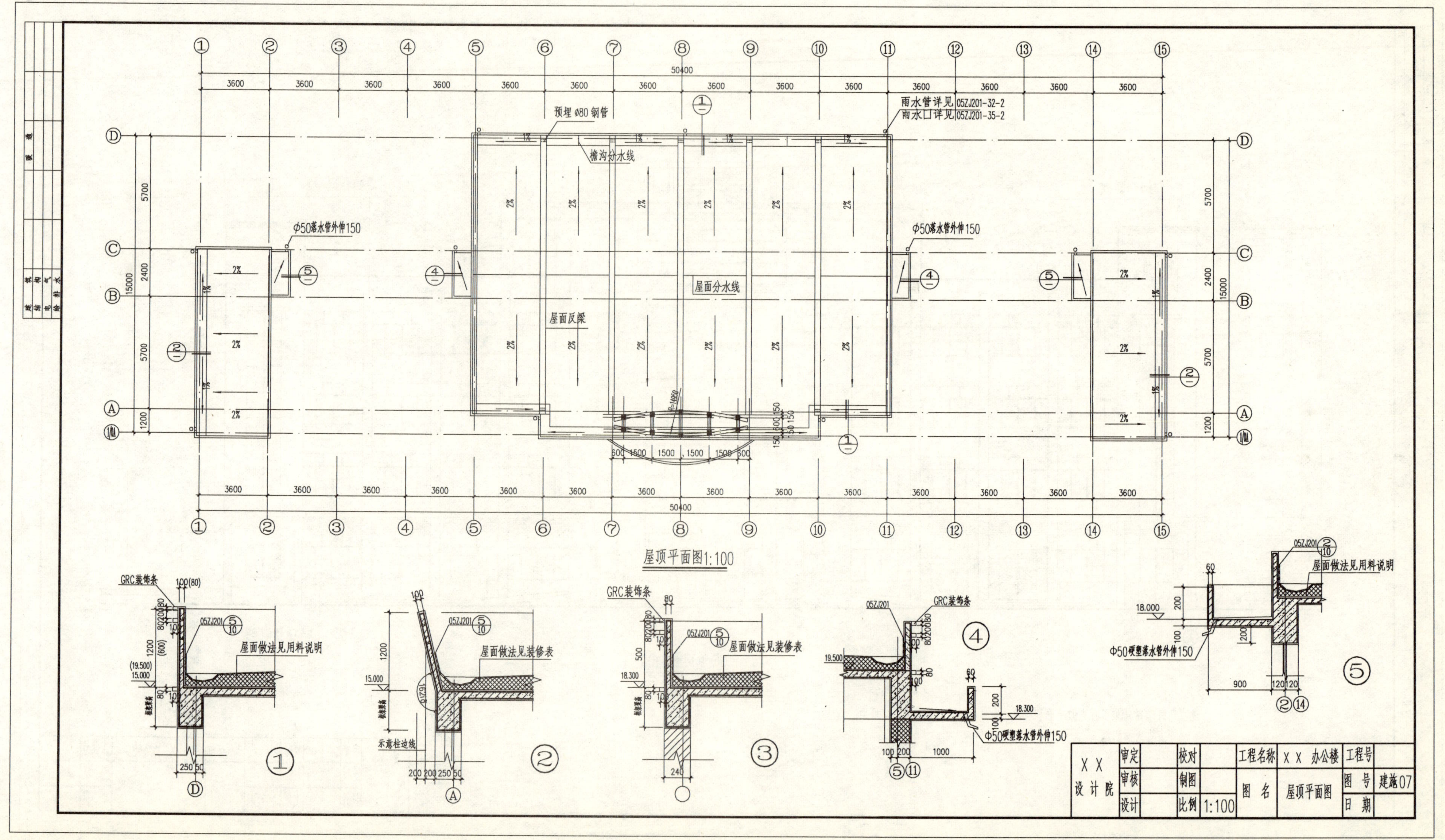

屋顶平面图1:100
预埋 ф80 钢管
檐沟分水线
屋面分水线
屋面反梁
雨水管详见 05ZJ201-32-2
雨水口详见 05ZJ201-35-2
Φ50落水管外伸150
50400
3600
15000
5700
2400
1200
GRC装饰条
屋面做法见用料说明
屋面做法见装修表
示意柱边线
Φ50硬塑落水管外伸150
05ZJ201
19.500
18.300
18.000
15.000
XX设计院
审定
审核
设计
校对
制图
比例 1:100
工程名称 XX 办公楼
图名 屋顶平面图
工程号
图号 建施07
日期

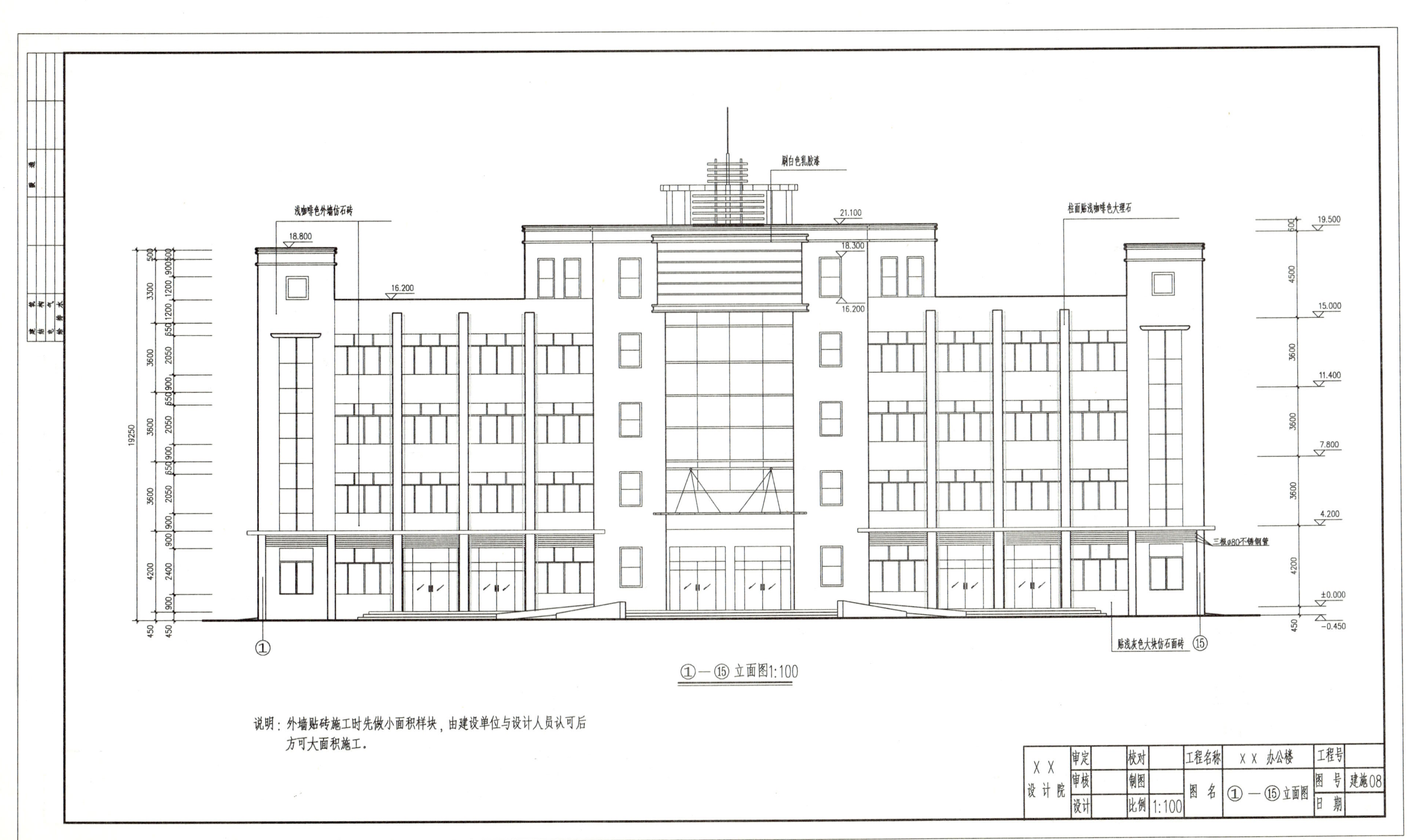

①—⑮ 立面图1:100

说明：外墙贴砖施工时先做小面积样块，由建设单位与设计人员认可后方可大面积施工。

X X 设计院	审定		校对		工程名称	X X 办公楼	工程号	
	审核		制图		图 名	①—⑮立面图	图 号	建施08
	设计		比例	1:100			日 期	

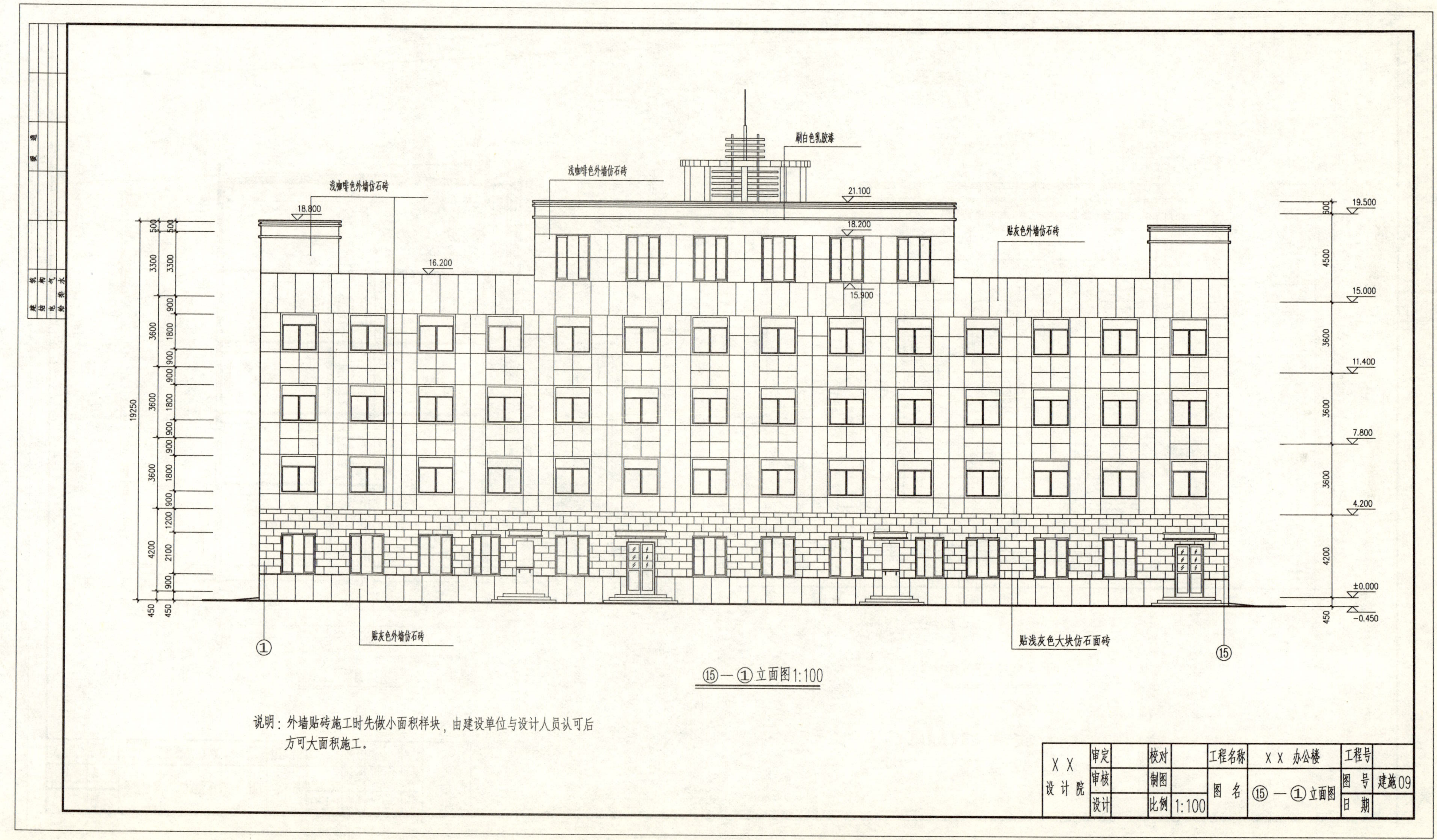

⑮—①立面图1:100

说明：外墙贴砖施工时先做小面积样块，由建设单位与设计人员认可后方可大面积施工。

X X 设计院	审定		校对		工程名称	X X 办公楼	工程号	
	审核		制图		图 名	⑮—①立面图	图 号	建施09
	设计		比例	1:100			日 期	

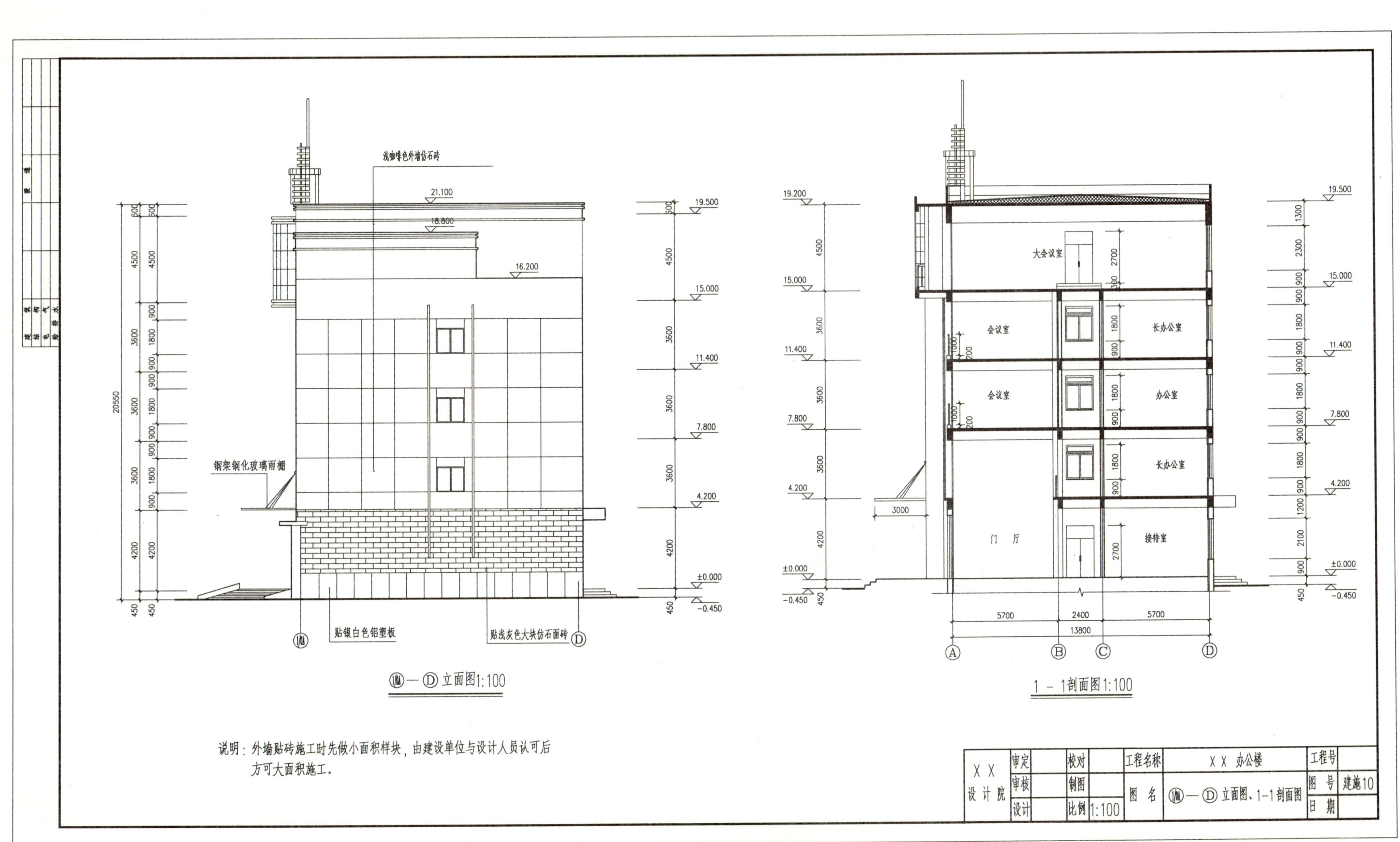

1/A — D 立面图1:100

1 - 1剖面图1:100

说明：外墙贴砖施工时先做小面积样块，由建设单位与设计人员认可后方可大面积施工。

X X 设计院	审定		校对		工程名称	X X 办公楼	工程号	
	审核		制图		图 名	1/A — D 立面图、1-1剖面图	图 号	建施10
	设计		比例	1:100			日 期	

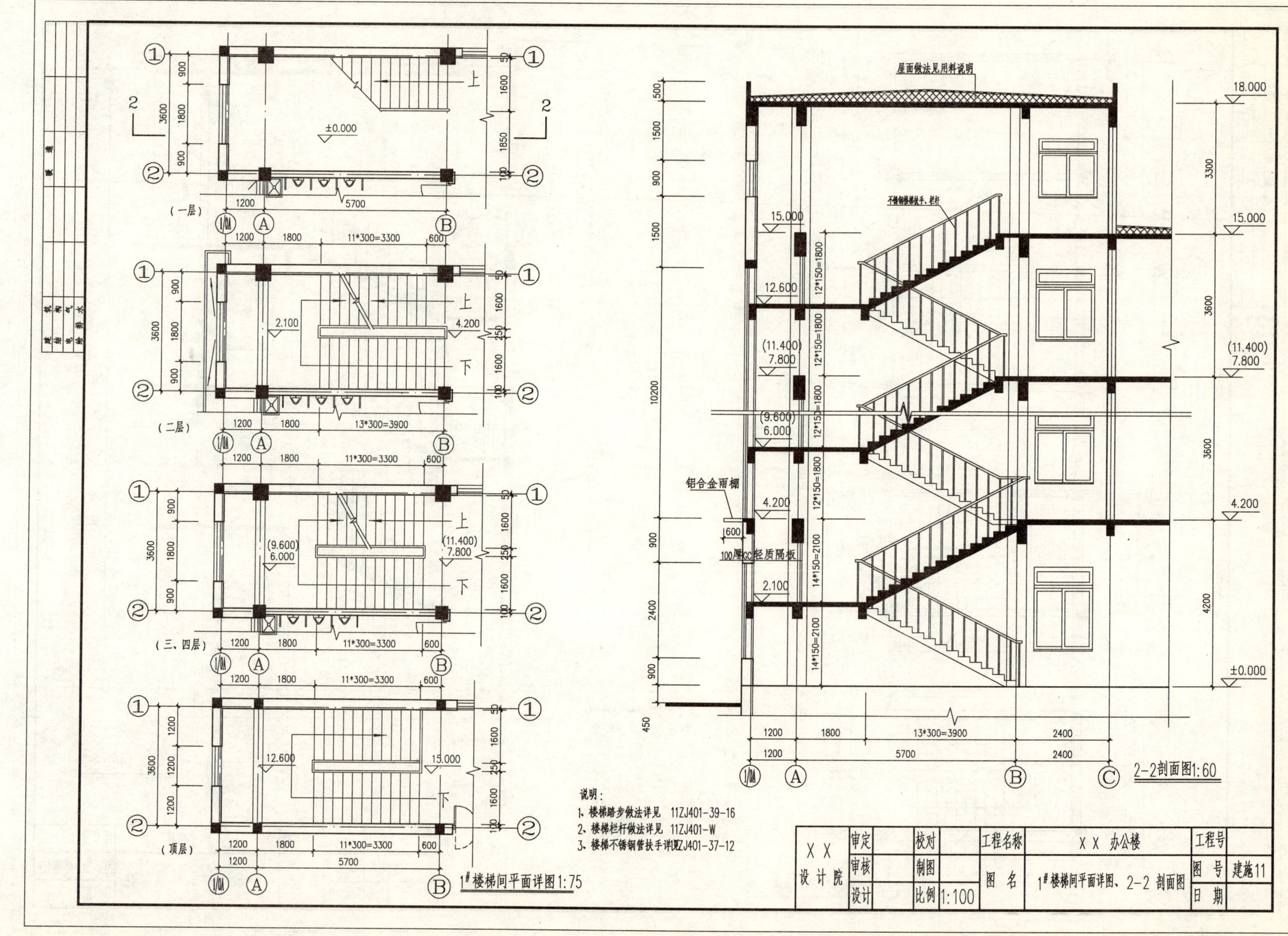

XX 设计院	审定		校对		工程名称	XX 办公楼	工程号	
	审核		制图		图名	1#楼梯间平面详图、2-2 剖面图	图号	建施11
	设计		比例	1:100			日期	

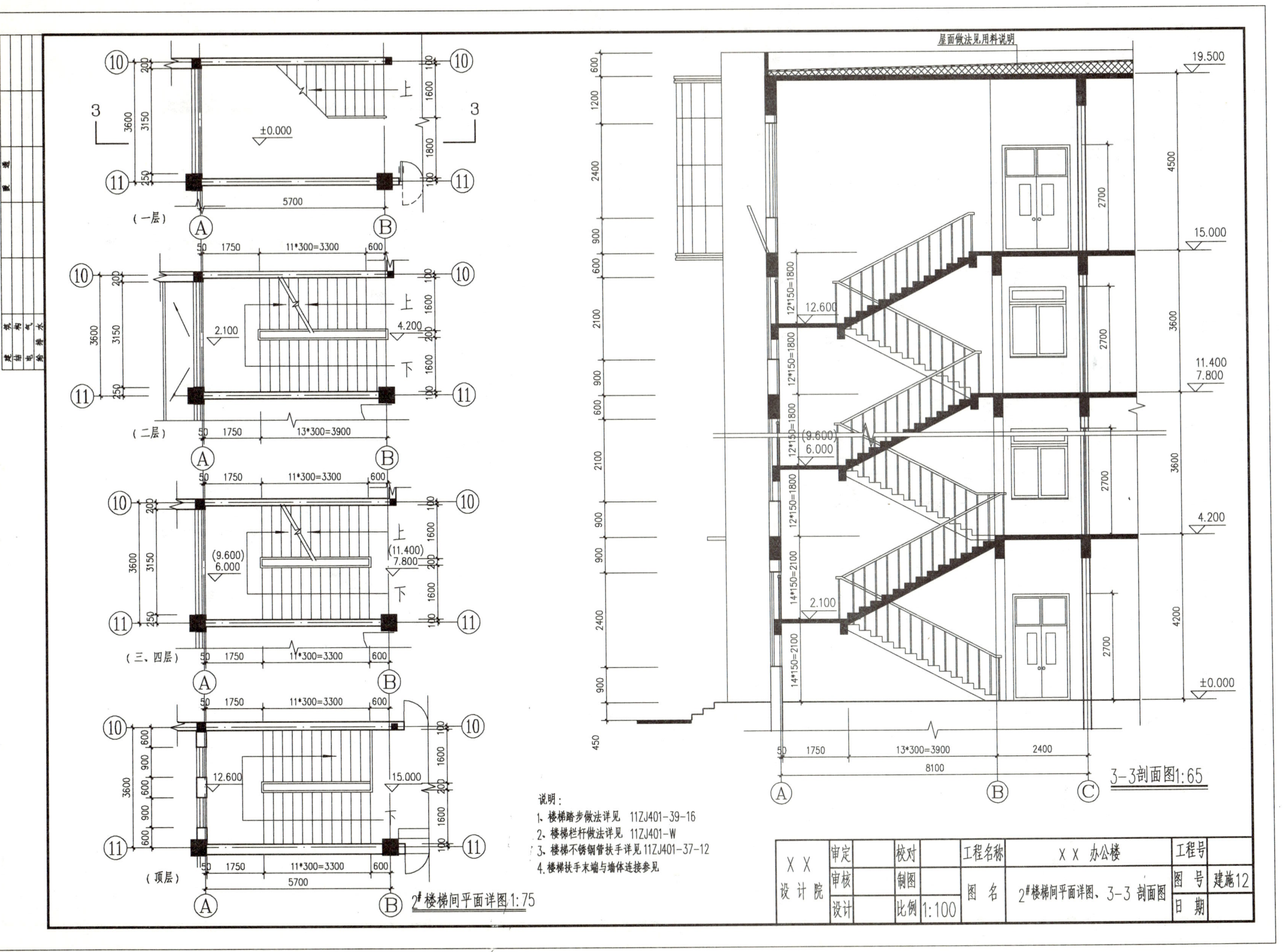

（一层）
（二层）
（三、四层）
（顶层）
2#楼梯间平面详图1:75
屋面做法见用料说明
3-3剖面图1:65
说明：
1、楼梯踏步做法详见 11ZJ401-39-16
2、楼梯栏杆做法详见 11ZJ401-W
3、楼梯不锈钢管扶手详见 11ZJ401-37-12
4、楼梯扶手末端与墙体连接参见
XX设计院
审定
审核
设计
校对
制图
比例 1:100
工程名称 XX 办公楼
图名 2#楼梯间平面详图、3-3 剖面图
工程号
图号 建施12
日期

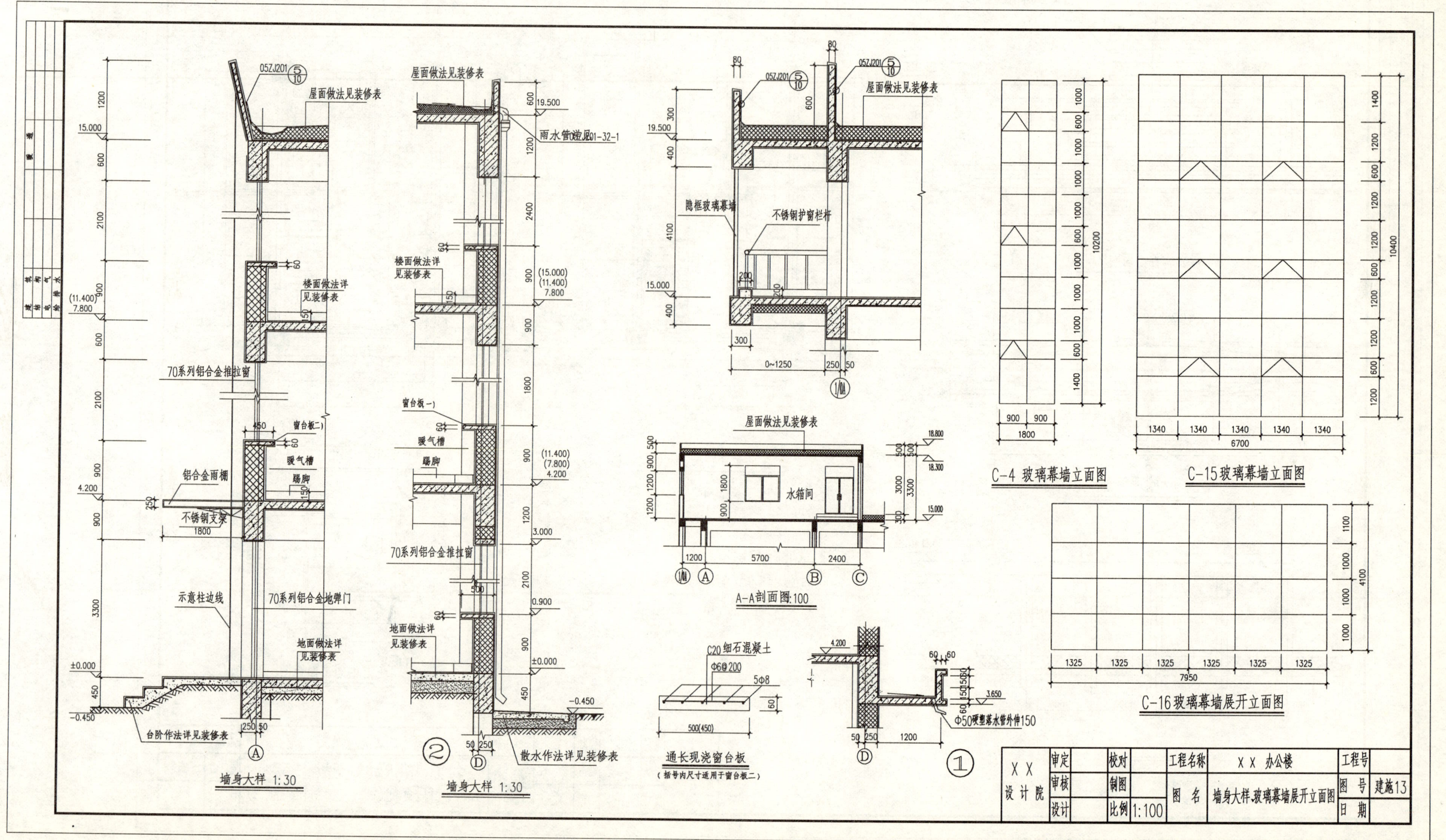

XX设计院	审定		校对		工程名称	XX 办公楼	工程号	
	审核		制图		图名	墙身大样,玻璃幕墙展开立面图	图号	建施13
	设计		比例	1:100			日期	

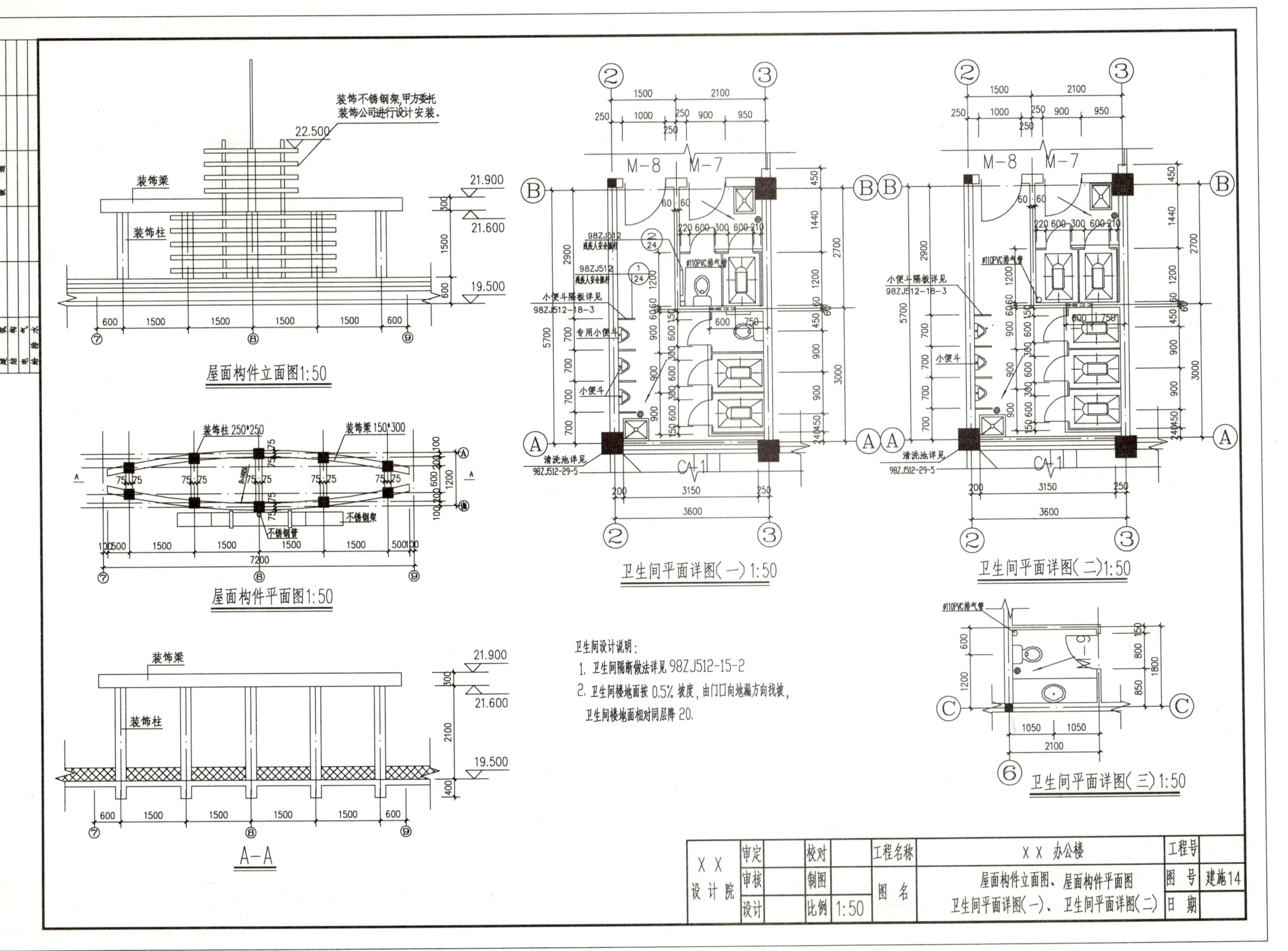
装饰不锈钢架,甲方委托
装饰公司进行设计安装.
22.500
装饰梁
装饰柱
21.900
21.600
19.500
屋面构件立面图1:50
装饰柱 250*250
装饰梁 150*300
不锈钢管
不锈钢架
7200
屋面构件平面图1:50
A-A
卫生间平面详图(一)1:50
卫生间平面详图(二)1:50
卫生间平面详图(三)1:50
M-8
M-7
C-1
98ZJ512
残疾人安全抓杆
小便斗隔板详见
98ZJ512-18-3
专用小便斗
小便斗
清洗池详见
98ZJ512-29-5
ø110PVC排气管
卫生间设计说明:
1. 卫生间隔断做法详见 98ZJ512-15-2
2. 卫生间楼地面按 0.5% 坡度,由门口向地漏方向找坡,
卫生间楼地面相对同层降 20.
X X 设计院
审定
审核
设计
校对
制图
比例 1:50
工程名称
X X 办公楼
图 名
屋面构件立面图、屋面构件平面图
卫生间平面详图(一)、卫生间平面详图(二)
工程号
图 号 建施14
日 期

前　言

本书突出职业教育人才的培养特色，汇集了砖混、框架、剪力墙等结构类型，可以满足工程识图、工程结构、建筑构造、施工组织设计、项目管理等课程的教学需求，突出理论和实践并重的职业教育特点。

全书包括卫生院和办公楼两个工程，每个工程又包含建筑和结构两套图纸，可作为相关课程的教学用书，还可以供房屋建筑工程设计人员参考。

本书由泰山职业技术学院邵荣振、张子学、米帅担任主编，由倪超、薛杰、纪茂全担任副主编，由白翼飞、卢晓莉、张丽、钱雨辰参编。

在本书的编写过程中，泰安城市建筑设计院和山东泰安建筑工程集团有限公司的工程师们提供了不少实际工程的素材，并结合施工技术人员的实际需求提出了不少建设性的意见，在此向他们表示衷心的感谢。

为了方便教学，本书还配有教学资源包，任课教师和学生可以登录“我们爱读书”网（www.ibook4us.com）免费注册下载，或者发邮件至 hustujian@163.com 免费索取。

限于编者水平，并且编写时间有限，书中难免存在缺点和错误，恳请广大读者批评指正！

编　者

2014 年 8 月

目　录